AF339889

SECONDE CENTURIE
DE PLANCHES
ENLUMINÉES
ET NON ENLUMINÉES

Reprefentant au naturel

Ce qui se trouve

de plus Interessant et de plus Curieux

parmi

les Animaux, les Vegetaux, et les Mineraux,

Pour servir

d'intelligence à l'Histoire Generale

DES TROIS REGNES DE LA NATURE.

Par M.' Buchoz

Medecin Botaniste de Monsieur.

Et auteur des Dictionaires des trois Regnes de la France.

A AMSTERDAM.

Chez Marc-Michel Rey, Libraire.
1778.

Pl. I.
Decad. 1.
Conti. 2.

Fig. 1.
Fig. 2.

Fig. 1.
Fig. 2.

Pl. V.
Decad. 1.
Cent. 2.
Fig. 1.
Fig. 2.

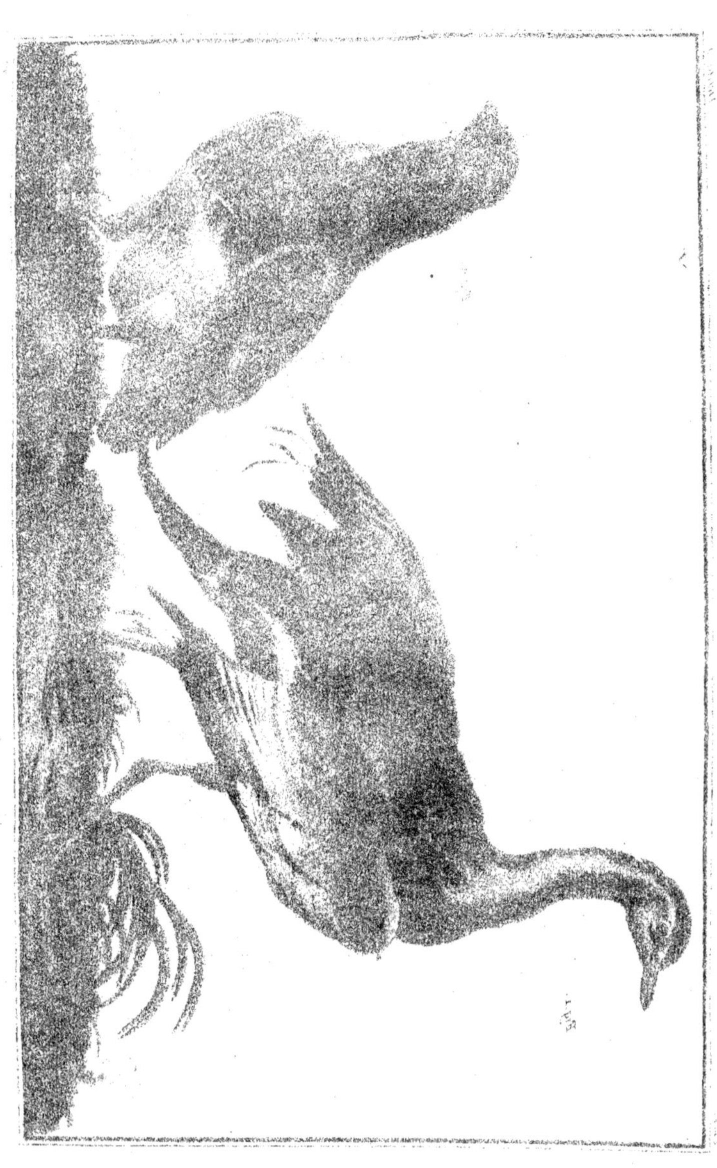

Fig. 1.
Fig. 2.

Decad. 1.
Pl. VIII.
Cent. 2.

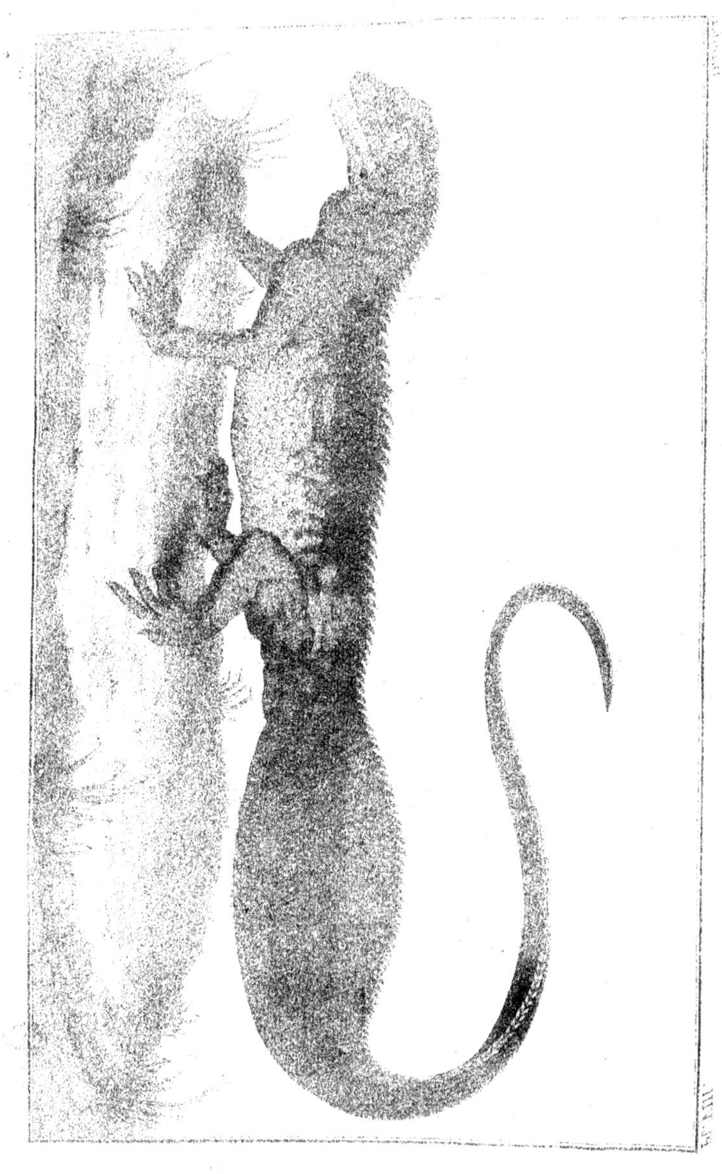

Fig. 1.
Fig. 2.

Fig. 1.
Fig. 2.

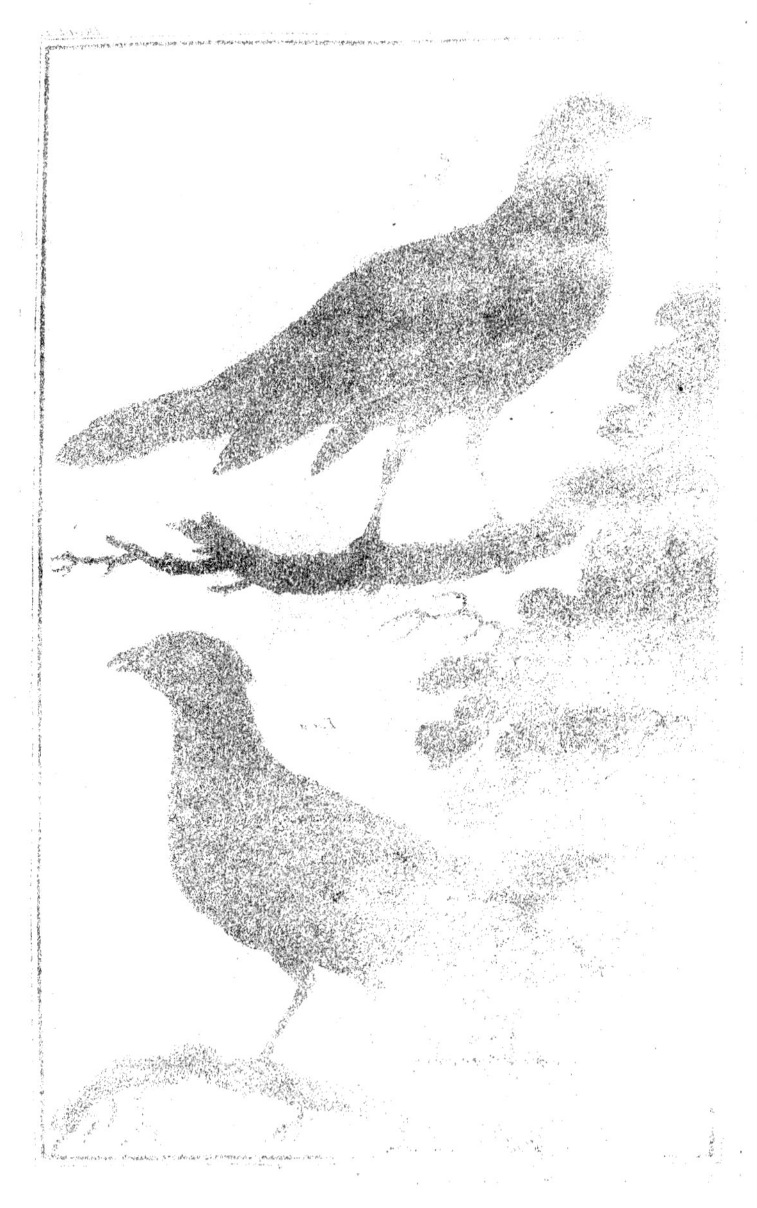

EXPLICATION DES PLANCHES
de la 1.ᵉ Decade.
PLANCHE I.

Cette Planche represente le Chien crabier, ainsi nommé parce qu'il se nourit de Crabes, aussi en a on representé au bas de la planche; sa queue est longue, écailleuse et nuë; il a plus de rapport au Sarigue, qu'au Chien ou Renard, quoi qu'on l'ait appellé Chien, il est très commun a la Cayenne.

PLANCHE II.

Fig. 1 Geay de la Cayenne. Fig. 2. on nous a donné le dessin de cet Oiseau sous le nom de Cotinga des Moluques; l'un et l'autre de ces Oiseaux se trouvent dans le cabinet de M. Fayolle a Versailles.

PLANCHE III.

Jaseurs de la Louisiane. Fig. 1. masle. Fig. 2. femelle.
PLANCHE IV.

Le Calao des Indes Orientales; cet Oiseau a le Bec en forme de Faulx, dentelé, surmonté d'une excroissance cornée; ses jambes sont couvertes de plumes, jusqu'au talon; ses pieds ont 4 doigts denués de membranes, trois devant et un derriere, celui du milieu des trois anterieurs est etroitement uni au doigt exterieur, jusqu'à la 3.ᵐᵉ articulation et au doigt interieur, jusqu'à la premiere, nous avons vu le Calao dans le cabinet de Leyde.

PLANCHE V.

La Fig. 1. represente le Chirurgien des Moluques. La Fig. 2. representeroit très bien le petit Plongeon noir et blanc masle, si son Bec n'etoit pas representé de la maniere qu'il se trouve dans la figure, mais il est probable que c'est un defaut d'exactitude du Dessinateur, dont nous ne nous sommes apperçus qu'après que la planche a été gravée.

PLANCHE VI.

La Fig. 1. represente le Canard branchû de la Louisiane, qu'on a ainsi nommé, parce qu'il est le seul de ces Oiseaux d'eau, qui se perche sur les arbres. ce Canard est reduit au huitieme. La Fig. 2. represente une Hyrondelle de mer fort rare, de sa grandeur naturelle, que les Matelots nomment Oiseaux de Tempête.

PLANCHE VII.

La Fig. 1. represente un Tangara connu plus particulierement sous le nom d'Evêque, la 2.ᵈᵉ une Perdrix de Cayenne.

PLANCHE VIII.

On voit representé dans cette planche le Lézard aigrêté d'Amboine, dont nous avons donné la description dans nos Lettres sur les Animaux.

PLANCHE IX.

Cette Planche represente deux especes de Coracu de la Cayenne.

PLANCHE X.

On nous a envoyé le dessin de l'Oiseau representé Fig. 1 sous le nom de Merle bleu a ailes vertes des Moluques et celui de la Fig. 2 sous celui de Merle verdatre de Cayenne. Tous les Oiseaux de ces planches excepté le Calao sont tirés du cabinet de M. Fayolle et dessinés par M. Desmoulins, qui a un Cabinet très joli d'Oiseaux embaumés, et qui a fait une etude particuliere de l'Ornithologie, aussi nous sommes nous rapportés a ce dessinateur ornithologiste pour aller dessiner dans le Cabinet de M. Fayolle les Oiseaux representés ici nous les examinerons plus particulierement dans notre Histoire naturelle et œconomique des 3. regnes de la nature dont le 1. Volume est sous presse et paroitra incessamment et nous tacherons de determiner alors plus particulierement leurs genres et leurs especes.

Nota, nous continuons d'inviter les curieux et les amateurs de nous faire part des Desseins coloriés de ce qui se trouvera de plus rare dans leurs Cabinets, nous les ferons paroitre avec toute la reconnoissance possible dans cette Collection.

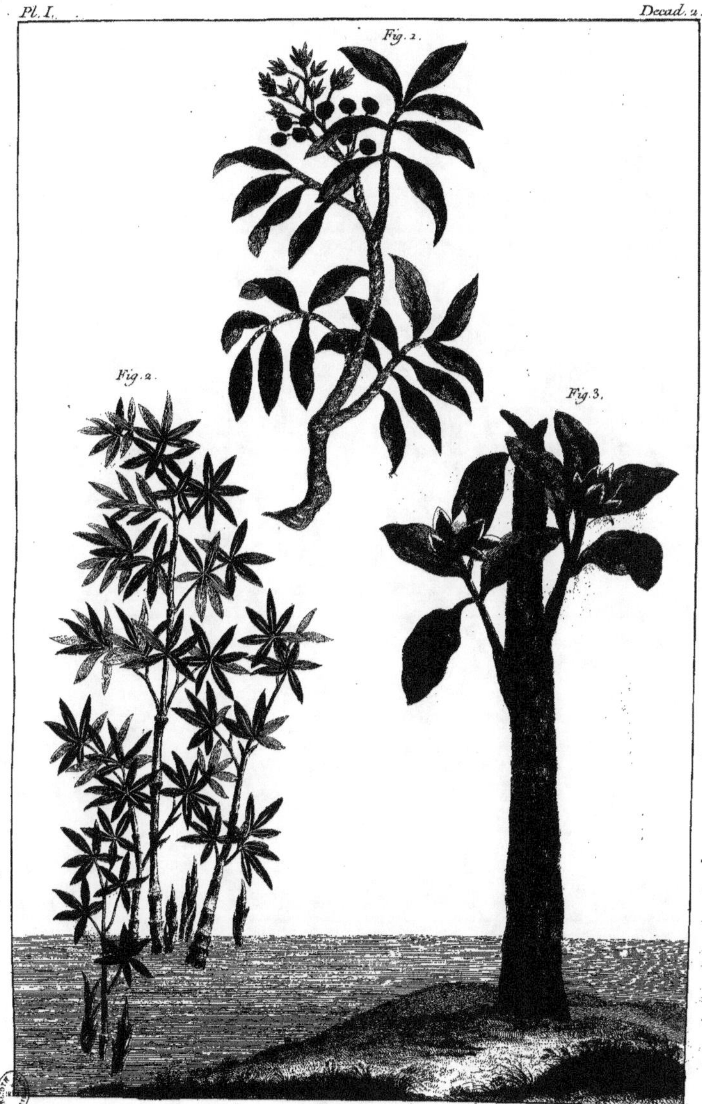
Fig. 1.
Fig. 2.
Fig. 3.

Fig. 1.
Fig. 2.
Fig. 3.

Fig. 1.
Fig. 2.
Fig. 3.

Fig. 1.
Fig. 2.
Fig. 3.

Fig. 1.
Fig. 2.
Fig. 3.

Fig. 1.
Fig. 2.
Fig. 3.

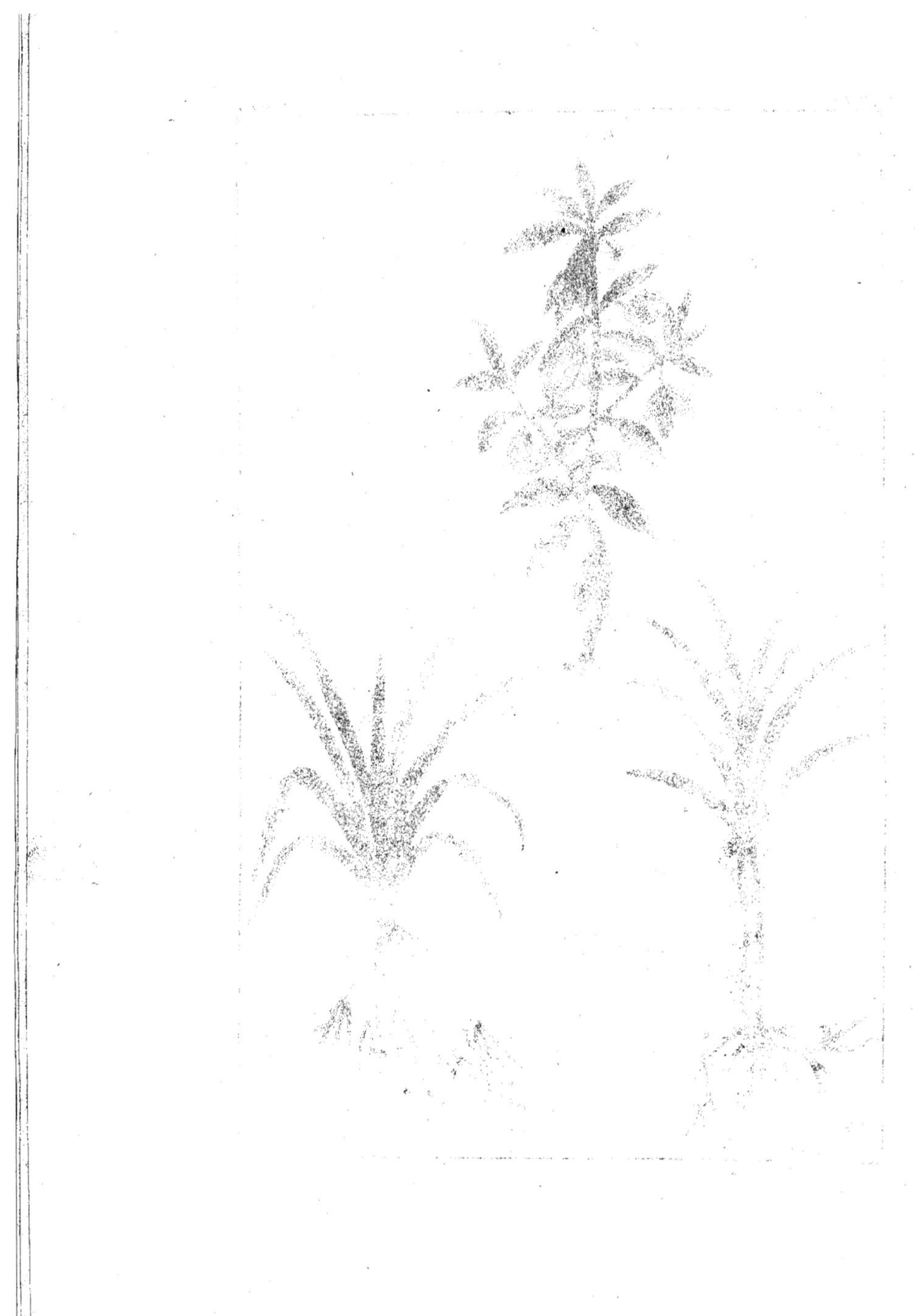

Fig. 1.
Fig. 2.
Fig. 3.

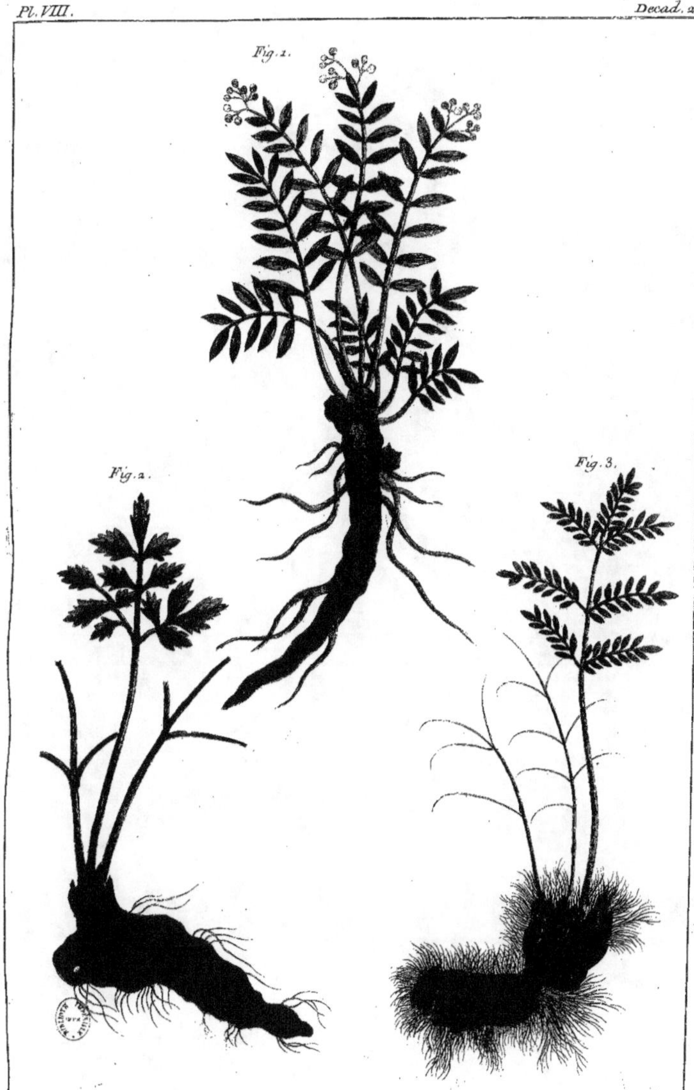
Fig. 1.
Fig. 2.
Fig. 3.

Pl. IX.
Decad. 2.
Fig. 1.
Fig. 2.
Fig. 3.
Cent. 2.

Pl. X.
Decad. 2. 
Fig. 1.
Fig. 2.
Fig. 3.
Cent. 2.

EXPLICATION DES PLANCHES
de la 2.ᵈᵉ Decade.

Pl. 1. Fig. 1.	蔞菜食州蜀 *yu Tchɐ̃ che*	Fig. 2. 竹 淡 *Tchɐ̃ tan*	Fig. 3. 朴厚州商 *pɐ̃ heɐ̃*
Pl. 2. Fig. 1.	香陸薫 *hiang Lɐ̃ hiun*	Fig. 2. 香舌雞 *hiang che Ki*	Fig. 3. 香乳 *hiang Jɐ̃*
Pl. 3. Fig. 1.	蔞菜吳軍江臨 *yn Tchɐ̃ ɐ̃*	Fig. 2. 耳木桑 *Eul mɐ̃ Sang*	Fig. 3. 皮白根桑 *pi po Ken Sang*
Pl. 4. Fig. 1.	毋貝州越 *mɐ̃ pei*	Fig. 2. 毋貝州峽 *mɐ̃ pei*	Fig. 3. 參玄州邢 *Tchin hiuen*
Pl. 5. Fig. 1.	實貞女 *che Tchin niu*	Fig. 2. 香沉州廣 *hiang Tchin*	Fig. 3. 核榔州弁 *hai Sɐ̃i*
Pl. 6. Fig. 1.	漿酸 *Tsiang Soan*	Fig. 2. 根茅州鼎 *Ken mao*	Fig. 3. 根茅州澶 *Ken mao*
Pl. 7. Fig. 1.	子梔軍江臨 *Tsɐ̃ Tchi*	Fig. 2. 香沉上崖 *hiang Tchin*	Fig. 3. 香丁州廣 *hiang Ting*
Pl. 8. Fig. 1.	芩黄州耀 *Kin hoang*	Fig. 2. 脊狗州溫 *Tsɐ̃i Keɐ̃*	Fig. 3. 脊狗州溫 *Tsɐ̃i Keɐ̃*
Pl. 9. Fig. 1.	香息安 *hiang Siɐ̃ ngan*	Fig. 2. 香檀 *hiang Tan*	Fig. 3. 芄泰州石 *fan Tsin*
Pl. 10. Fig. 1.	夷辛 *y Sin*	Fig. 2. 仲杜州成 *Tchong Tɐ̃*	
et Fig. 3.	生寄上桑府寧江 *Seng ni chang Sang*		

Cette Décade est la 4.ᵐᵉ des Plantes medicinales de la Chine, elle fait suitte à la Collection des Fleurs qui se cultivent dans les Jardins de Pekin, que nous publions actuellement et dont le neuvieme cahier est sous le point de paroitre; cette Collection des Fleurs de la Chine se montra à dix Cahiers, chacun de dix Planches. le prix de chaque Cahier est de 24.ᵗᵗ et par consequent la collection complette sera de 240.ᵗᵗ

Cent. 2.
Dec. 3 Pl. I.
Fig. 1.
Fig. 2.
Fig. 3.
Fig. 4.
Fig. 5.

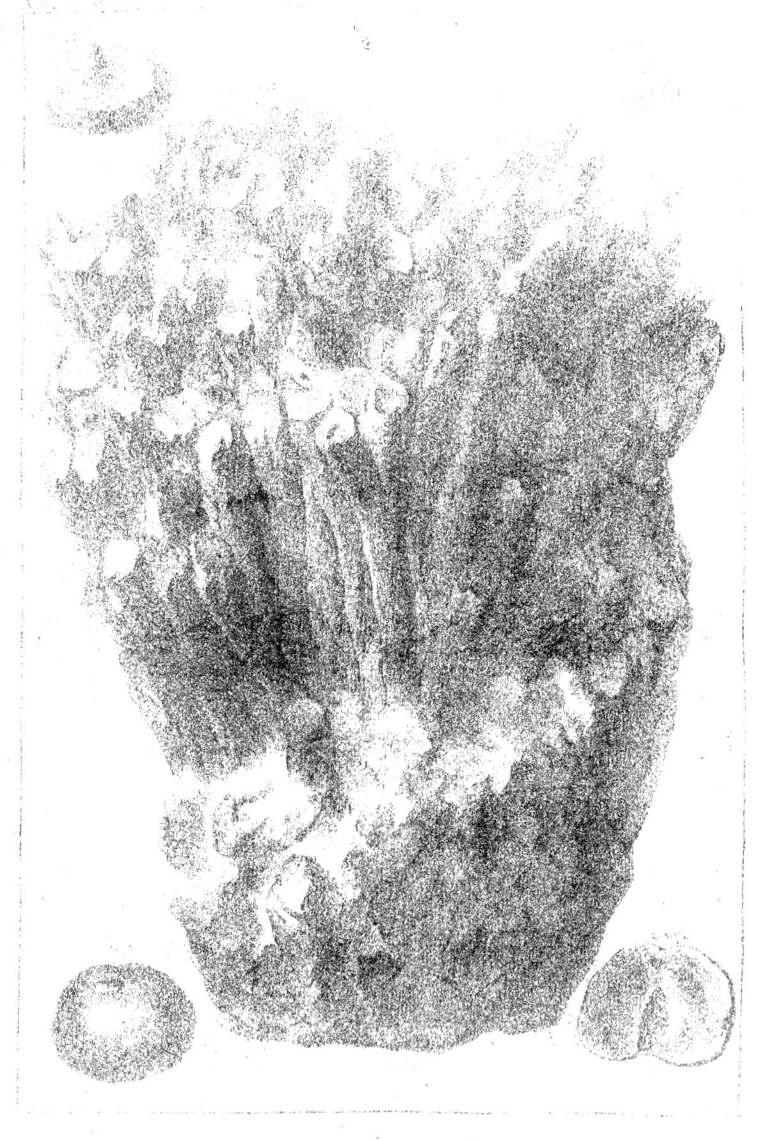

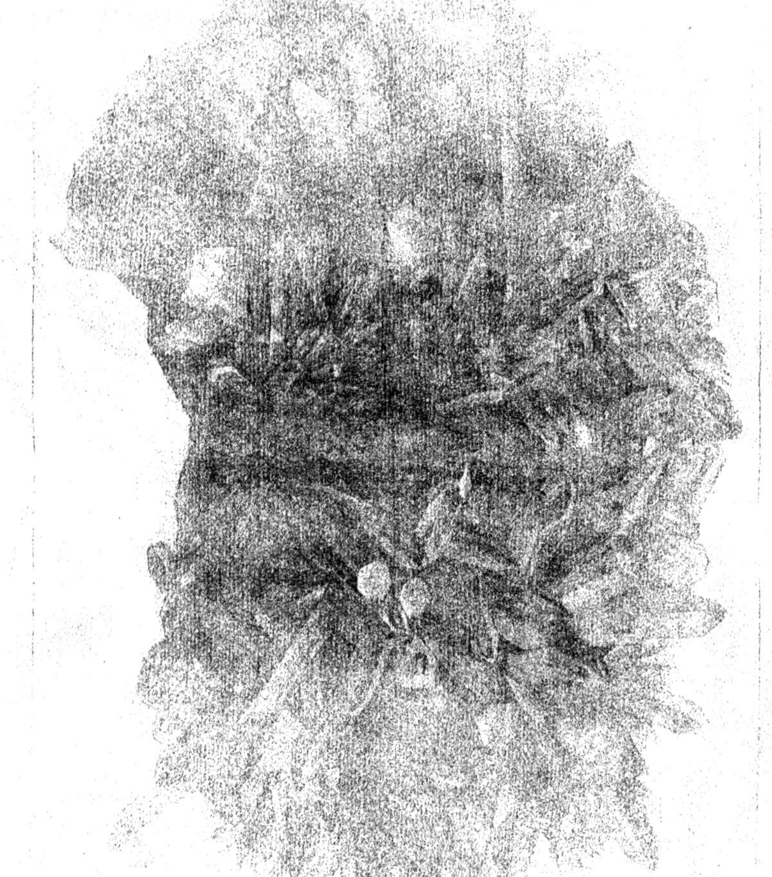

De Favanne, Pinx.

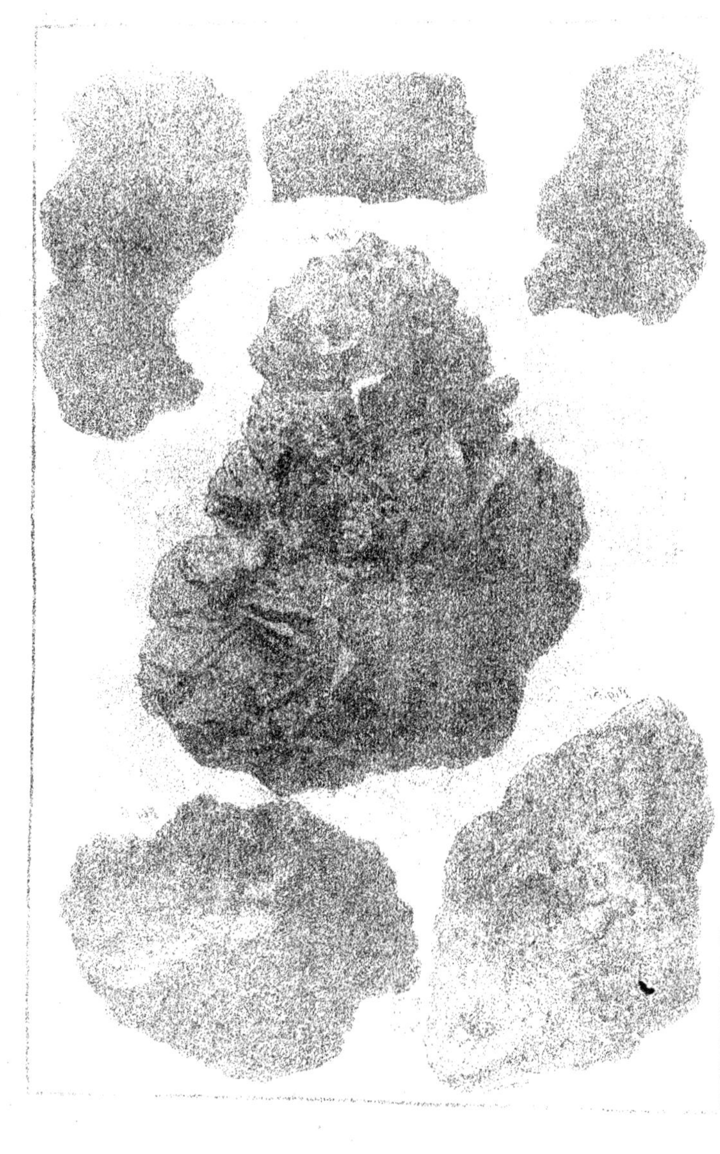

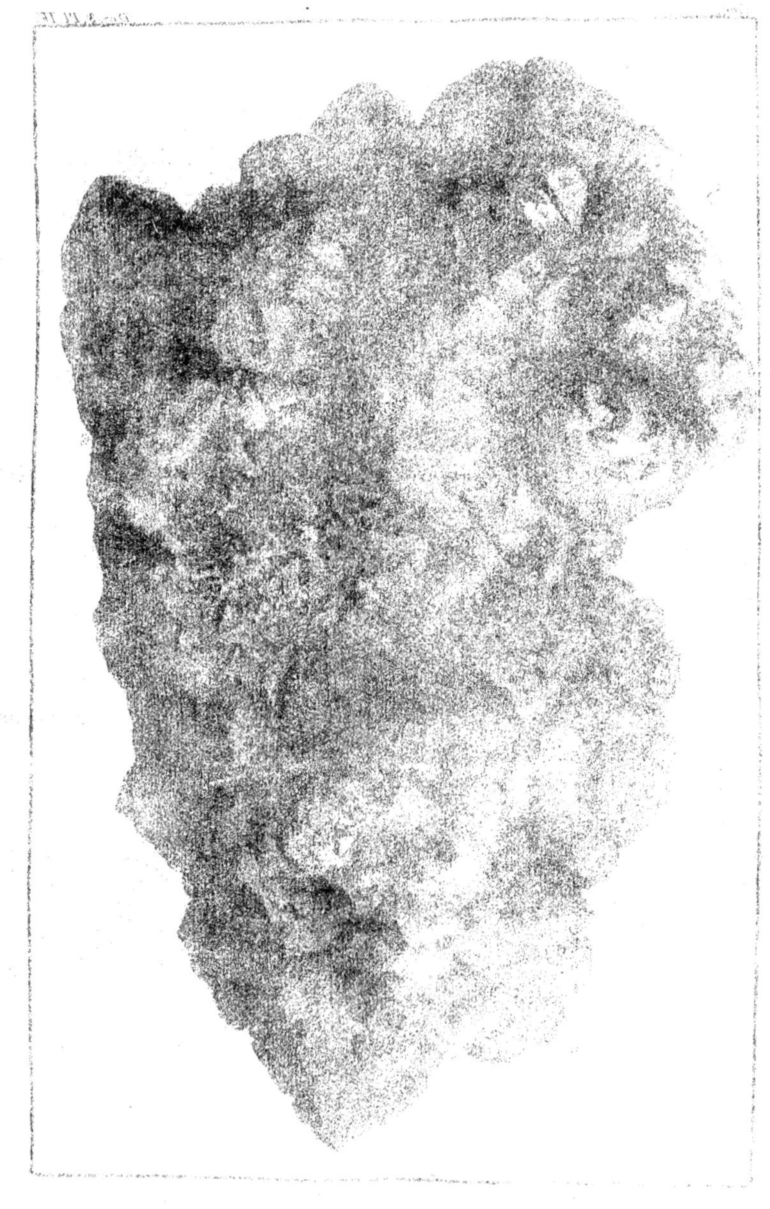

Fig. 1.
Fig. 2.
Fig. 3.

Balangé Pinx.

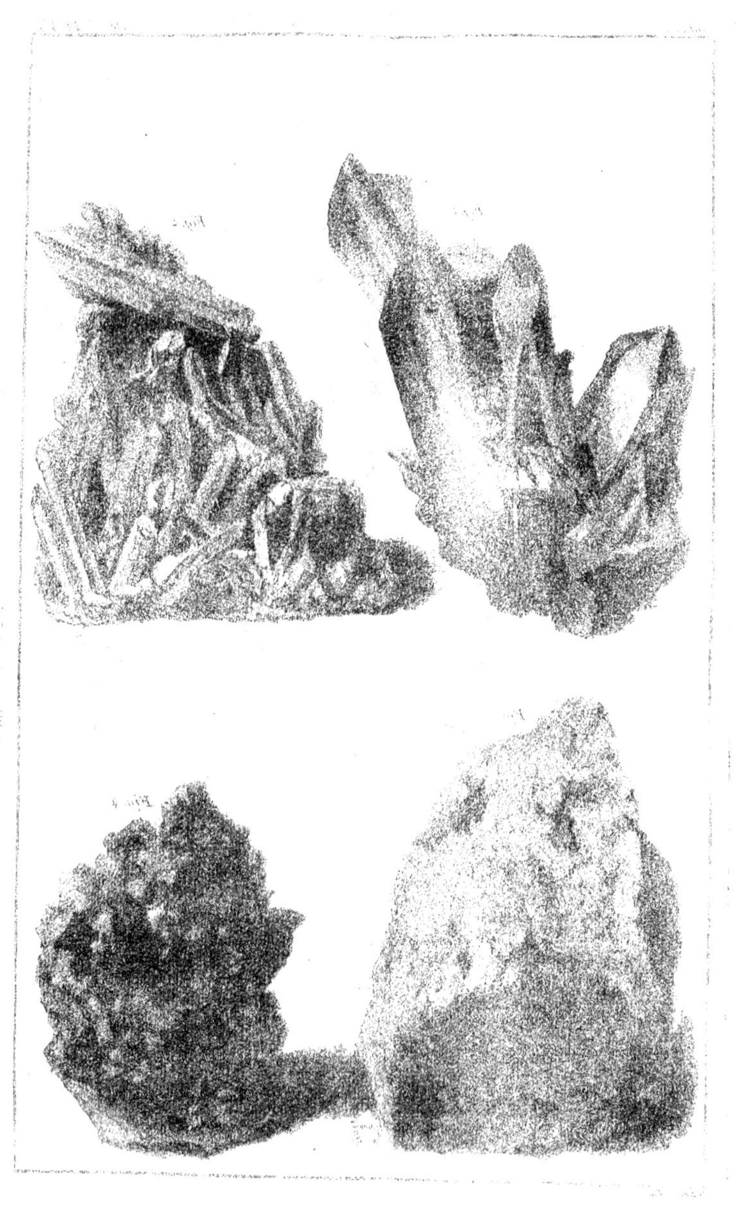
Fig. 1
Fig. 2
Fig. 3
Fig. 4

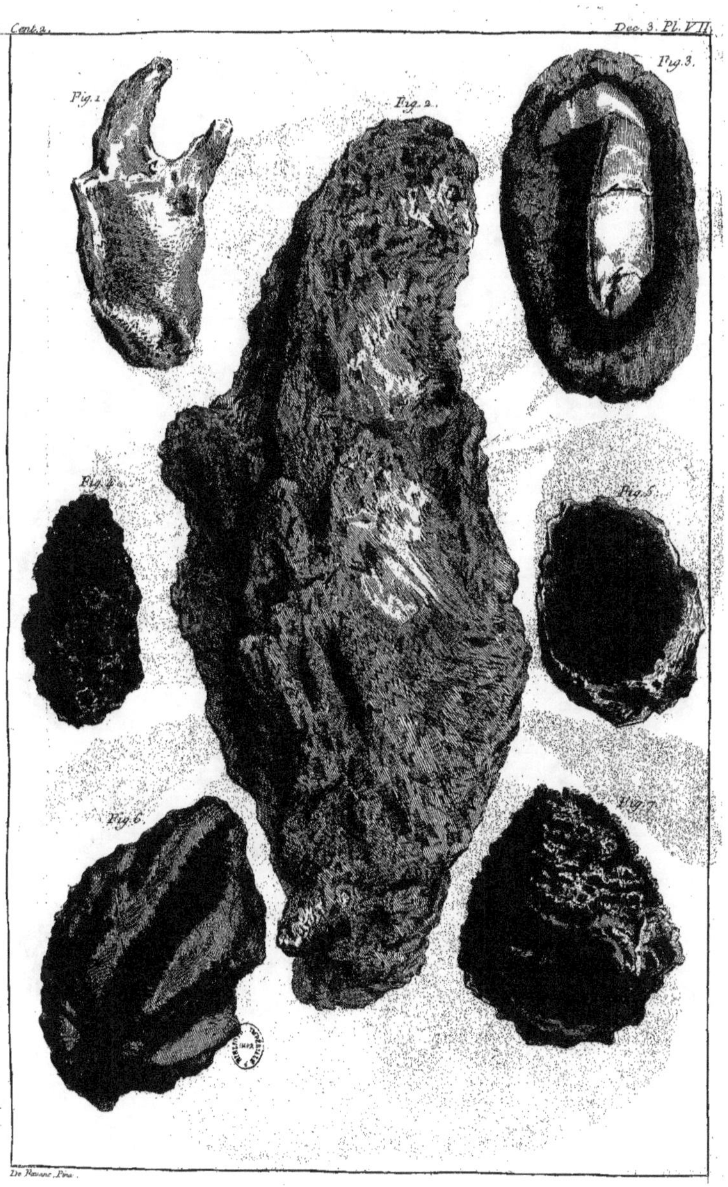

De Reaumur, Pinx.

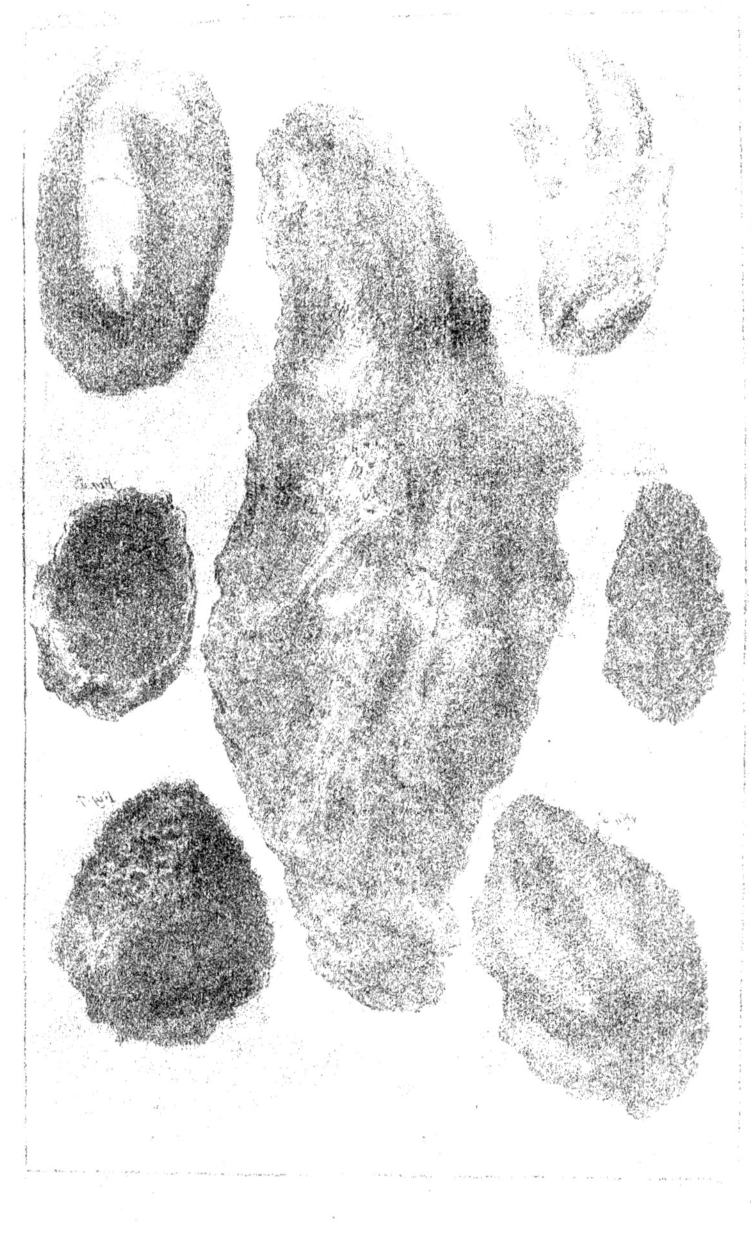

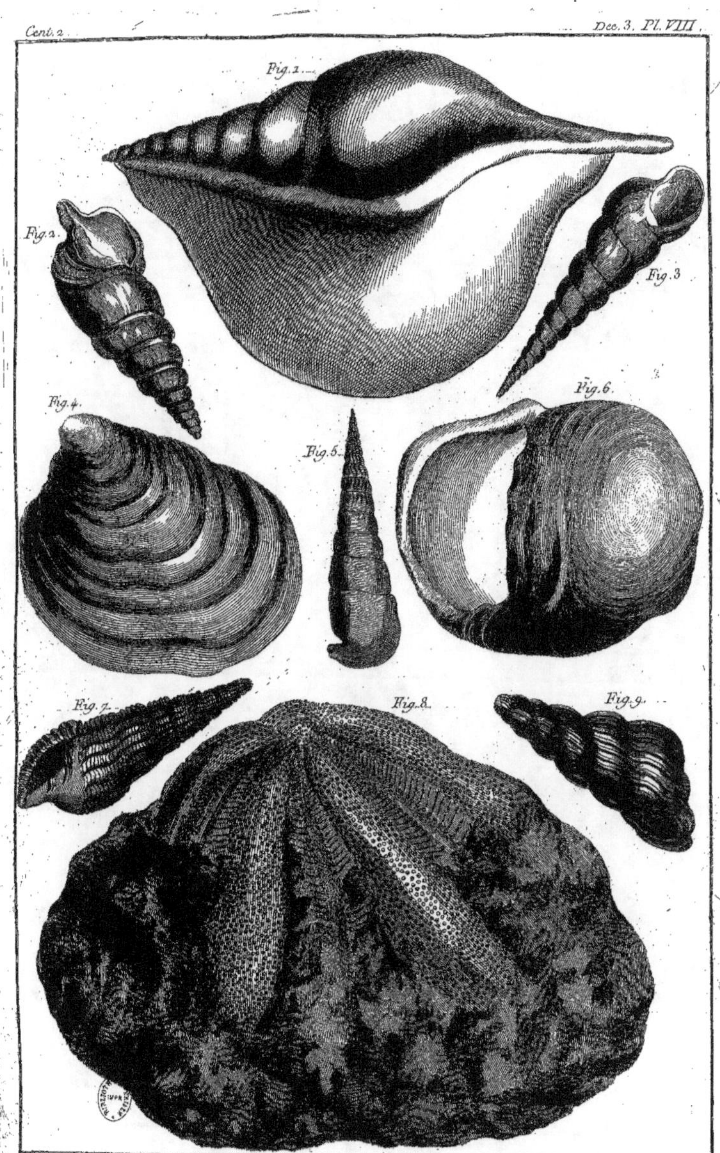
Fig. 1.
Fig. 2.
Fig. 3.
Fig. 4.
Fig. 5.
Fig. 6.
Fig. 7.
Fig. 8.
Fig. 9.

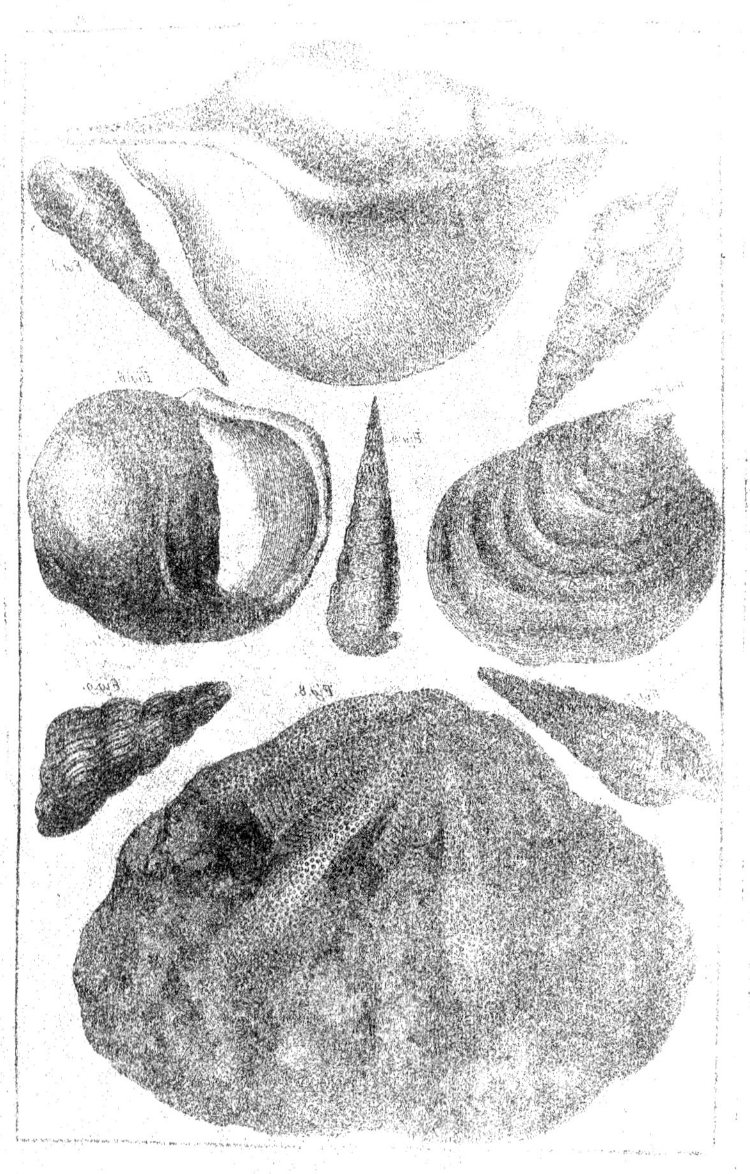

Fig. 1.
Fig. 2.
Fig. 3.
Fig. 4.
Fig. 5.

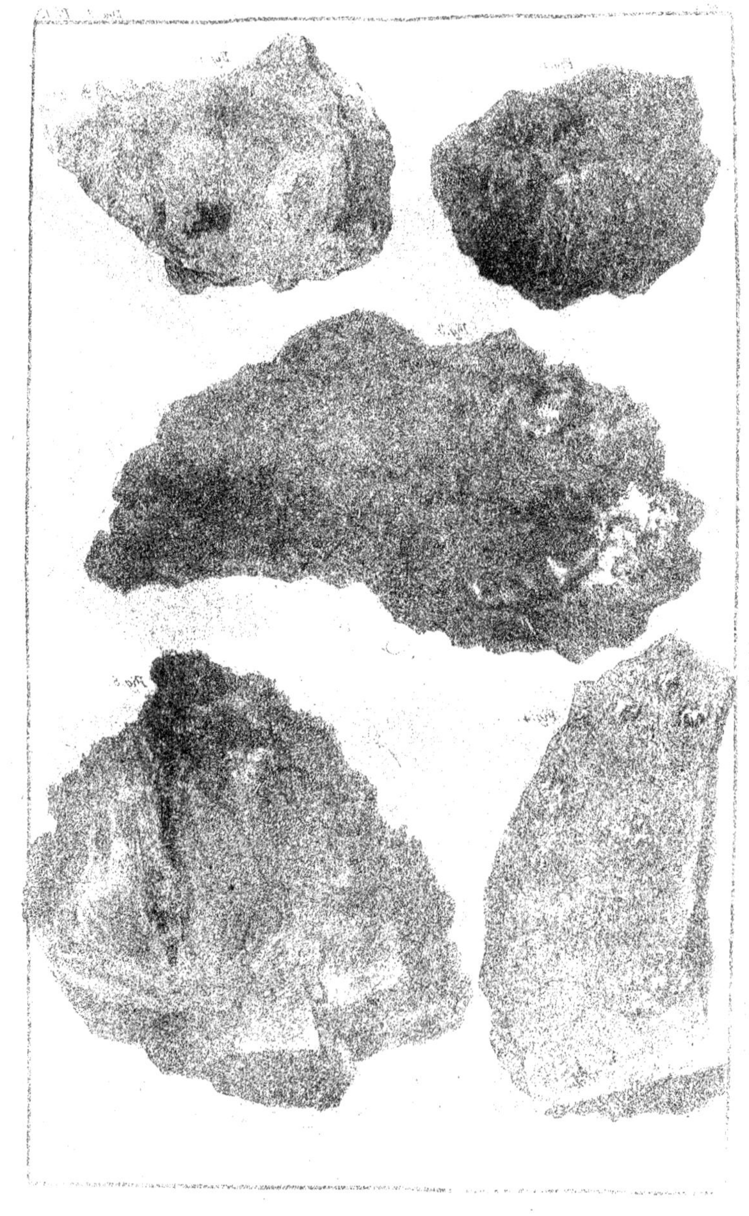

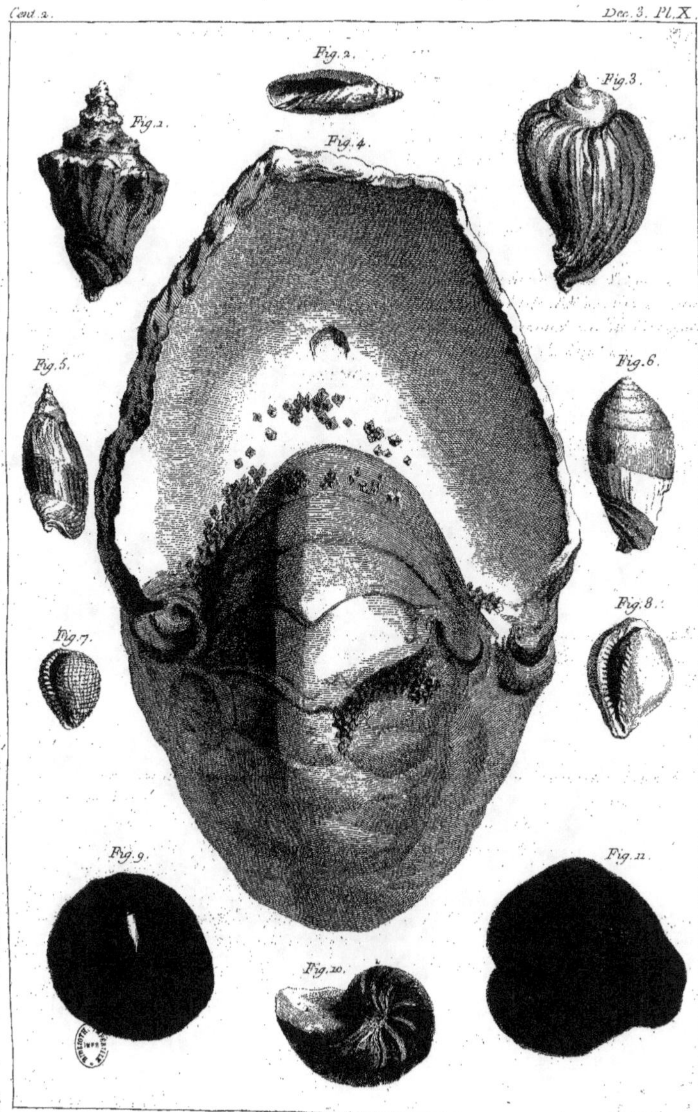

Fig. 2.
Fig. 1.
Fig. 3.
Fig. 4.
Fig. 5.
Fig. 6.
Fig. 7.
Fig. 8.
Fig. 9.
Fig. 10.
Fig. 11.

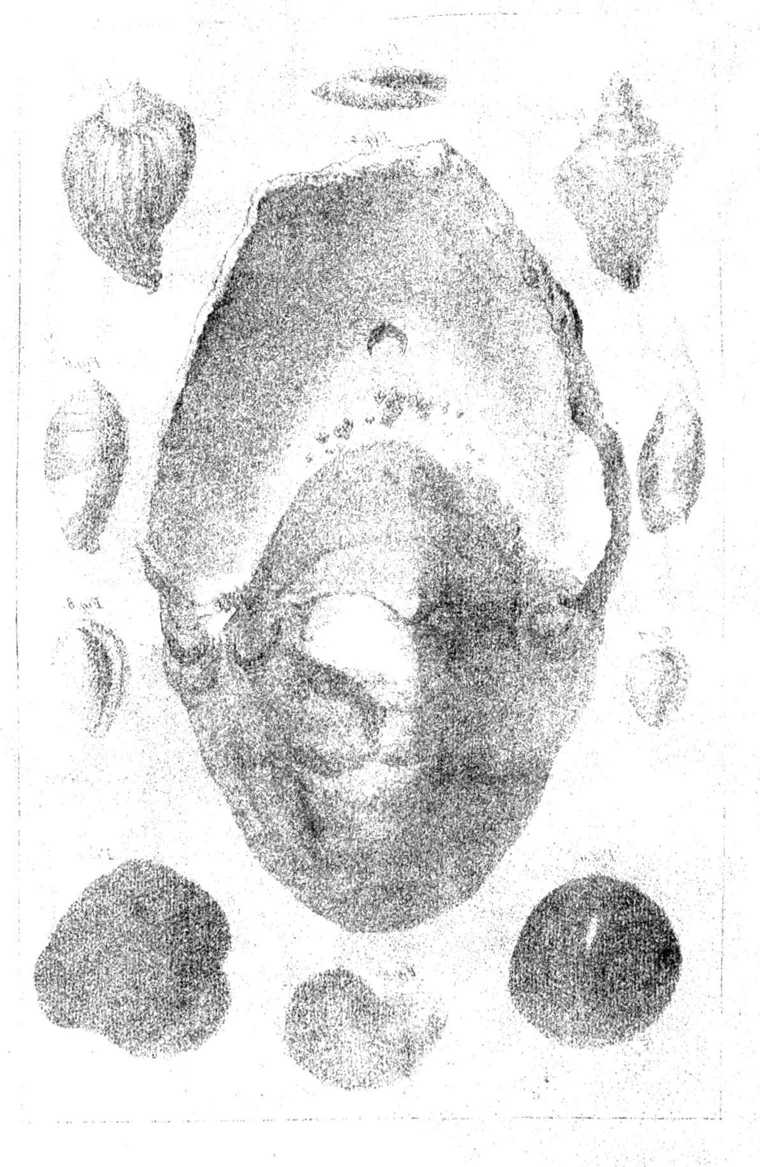

EXPLICATION DES PLANCHES
de la 3.ᵉ Decade.

PLANCHE I.

Fig. 1. Noyau de Turbinite. Fig. 2. Empreinte d'une autre espece de Turbinite. Fig. 3. Jonc Co-ralloide des environs de Verdun, le tout tiré du Cabinet de l'auteur. Fig. 4 et 5 Madrepores nature de Silex imitant des pommes tiré du Cabinet de M.ʳ Grandclas medecin.

PLANCHE II.

Grouppe de Chrystaux de roche du Dauphiné tiré du Cabinet de l'Auteur.

PLANCHE III.

Fig. 1 Mine de Fer de l'Isle d'Elbe en décomposition melée d'Ochre martial rouge. Fig. 2. Bol martial. Fig. 3. Mine de Fer et Chrystaux à 24 facettes de l'Isle d'Elbe. Fig. 4. Grais rhomboidal chrystalisé en grouppe de Fontainebleau. Fig. 5. Grais mammelonné de Fontainebleau. Fig. 6. Mine de Fer lenticulaire de l'Isle d'Elbe; le tout tiré du Cabinet de l'auteur.

PLANCHE IV.

Grais chrystalisé rhomboidal de Demours tiré du Cabinet de l'auteur.

PLANCHE V.

Fig. 1. Fer de l'Isle d'Elbe. Fig. 2. Verd et bleu de Montagne pierreux. Fig. 3. Shoerl aiguil-lé de Corse decouvert par M.ʳ l'abbé Rosier, on en trouve la description et l'analyse dans le 9.ᵉ volume de son journal, le tout tiré du Cabinet de l'auteur.

PLANCHE VI.

Fig. 1. Grouppe de Chrystaux de roche. Fig. 2. Autre grouppe de Chrystaux plus minces, à longs primes. Fig. 3. 3.ᵐᵉ Grouppe de Chrystaux de quartz avec Mine de Cuivre. Fig. 4. Grouppe de Chrystaux de quartz, le tout tiré du Cabinet de l'auteur.

PLANCHE VII.

Fig. 1. Pate d'Ecrevisse petrifiée de Mastrich. Fig. 2. Pierre ollaire. Fig. 3. Autre Pate d'Ecre-visse petrifiée, et incrustée dans une terre sablonneuse aussi de Mastrich. Fig. 4. Mine de Fer de l'Isle d'Elbe. Fig. 5. Astroite de Mastrich. Fig. 6. Empreinte de Fougere du Mont-lihan. Fig. 7. Madrepore morille du Pays d'Aunis des environs de Rochefort, le tout tiré du Cabinet de M.ʳ de Favane dessinateur de cet Ouvrage.

PLANCHE VIII.

Fig. 1. Rocher ailé de Courtagnon, morceau très rare de grandeur naturelle. Fig. 2. 3. 5. et 7. Differentes Vis fossiles de Champagne. Fig. 4. et 6. Grosse Nerite de grandeur naturelle de la Champagne, representée anterieurement et posterieurement. Fig. 8. Oursin de Malthe, connu sous le nom de Bouclier. Fig. 9. Noyau de Vis devenu Silex, le tout tiré du Ca-binet de M.ʳ de Favane.

PLANCHE IX.

Fig. 1. Mine de Souffre natif de Suisse. Fig. 2. Bleu et Verd de Montagnes terreux melé d'O-chre martial de Thuringe. Fig. 3 Mine de Plomb verd mammelonné des environs de Fribourg. Fig. 4. Mine de Fer spathique avec pyrite et galene du hartz. Fig. 5. Spath calcaire rom-boidal ferugineux, le tout tiré du Cabinet de l'auteur.

PLANCHE X.

Fig. 1. Rocher petrifié de Rochefort. Fig. 2. 5. et 6. Olives petrifiées de Champagne; la Fig. 6. est la plus rare. Fig. 3. Tonne fossile de Champagne. Fig. 4. Nautile ombiliquée petri-fiée de Normandie. Fig. 7. et 8. Porcelaine fossile de Champagne, très rare. Fig. 9. et 11. Deux Oursins petrifiés devenus silex, rares par leurs couleurs d'un beau rouge brun. Fig. 10. Nautile petrifiée.

Fig. 1.
Fig. 2.
Fig. 3.

Fig. 1.
Cent. 2.

Pl. III.
Pro. 4.
Cent. 2.

Fig. 1.
Fig. 2.
Fig. 3.
Fig. 4.

Fig. 1.
Fig. 2.
Fig. 3.
Fig. 4.

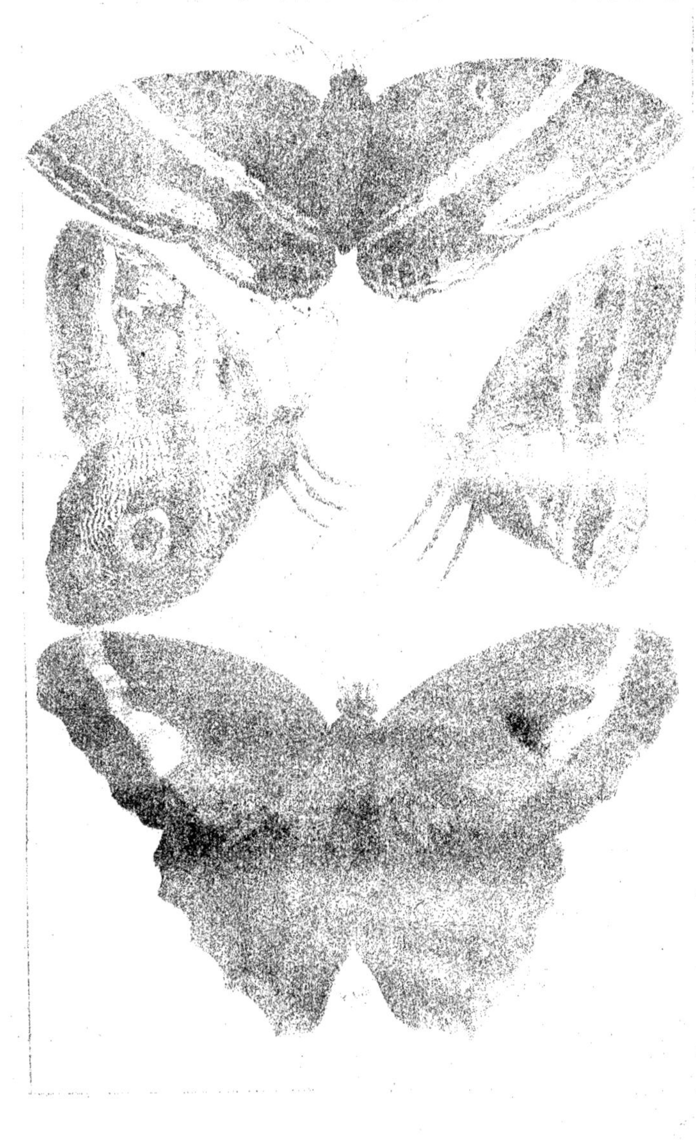

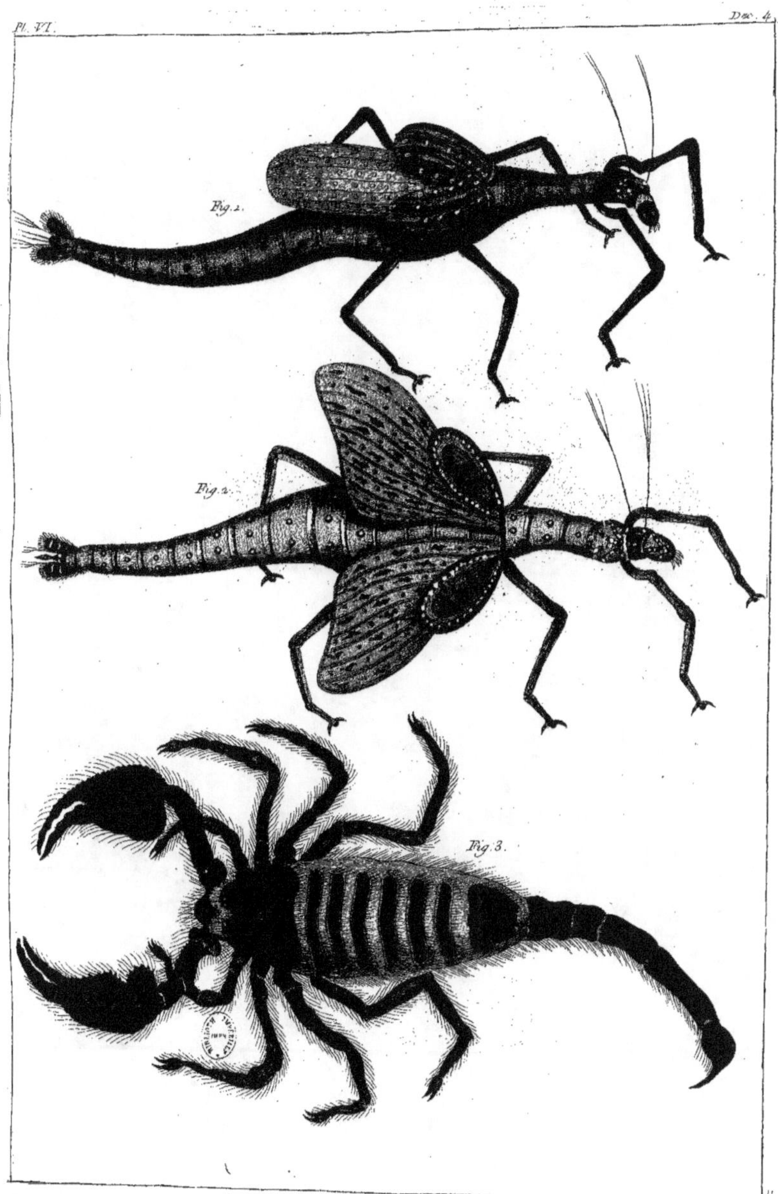
Fig. 1.
Fig. 2.
Fig. 3.

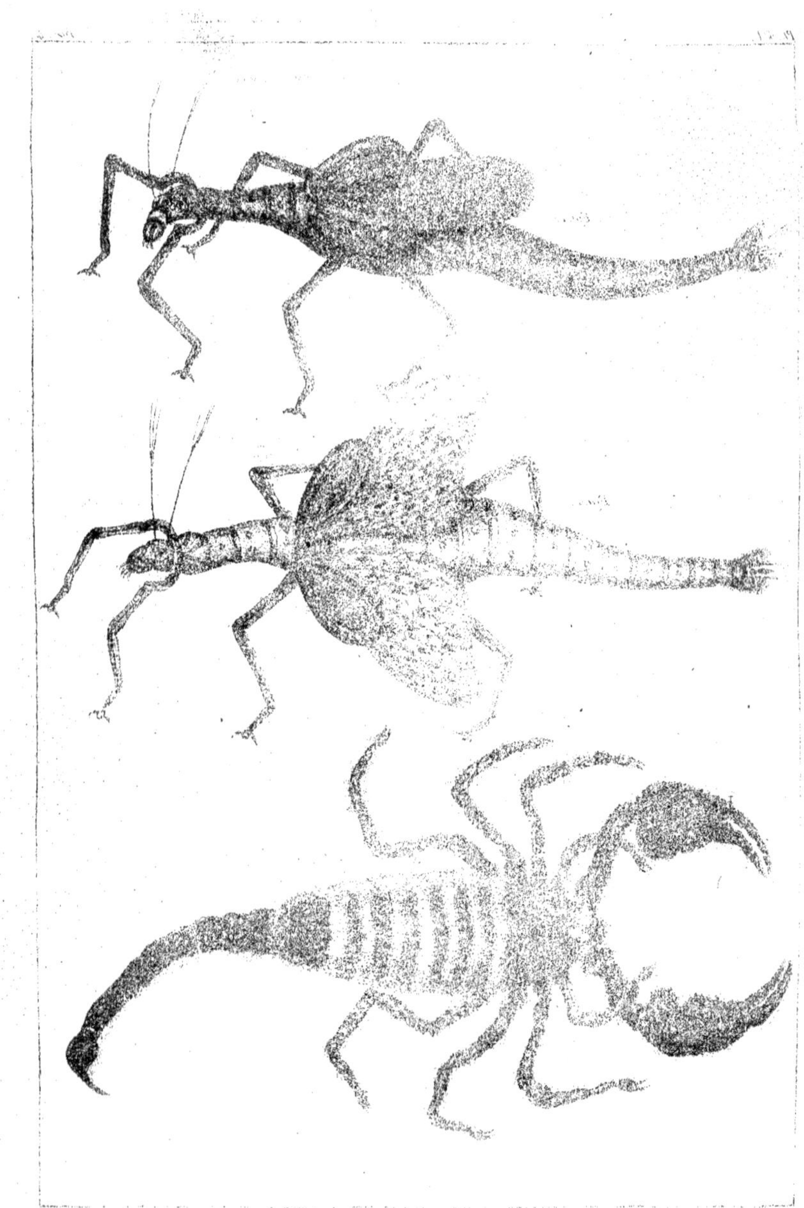

Fig. 1.
Fig. 2.
Fig. 3.

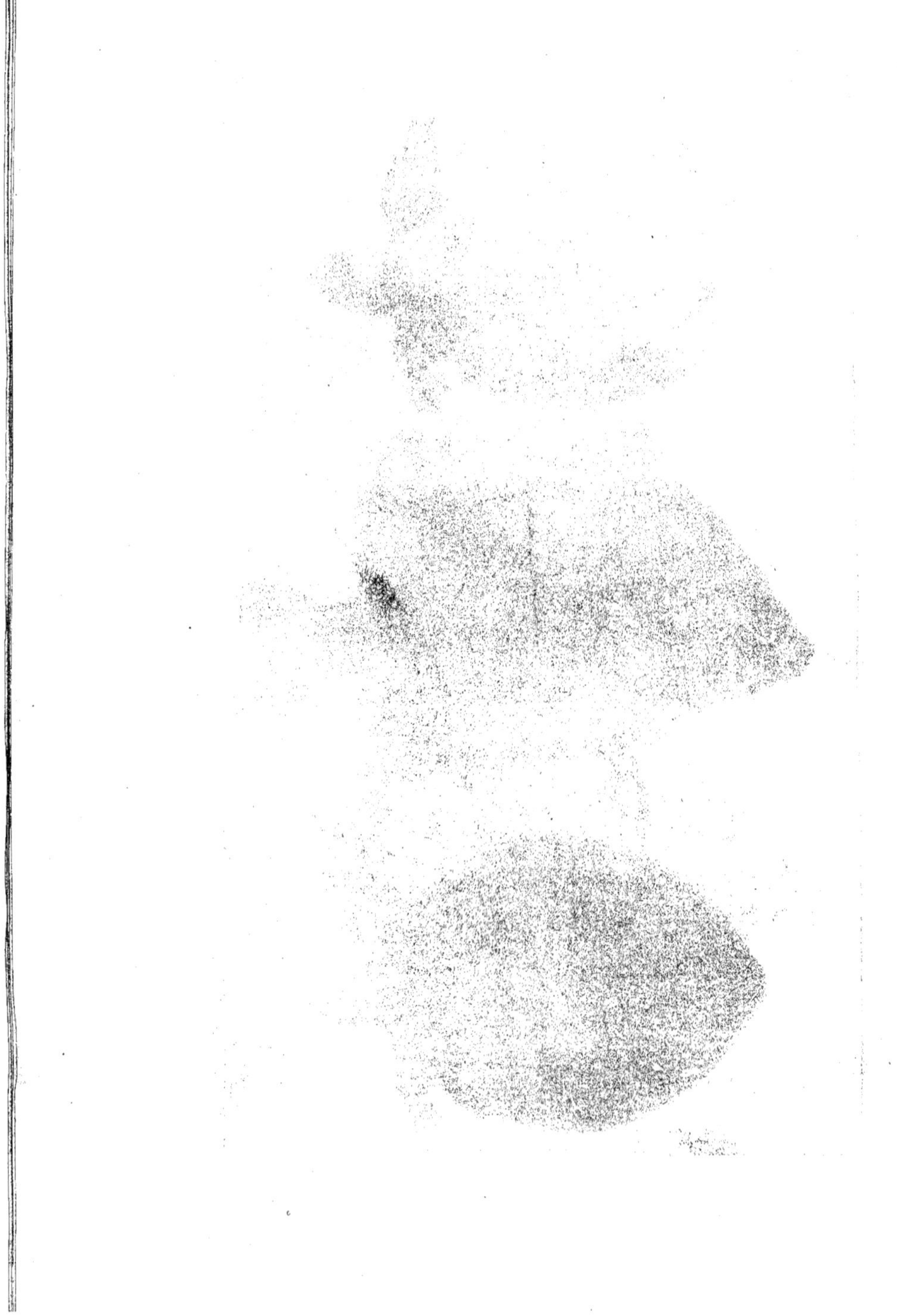

Fig. 1.
Fig. 2.
Fig. 3.

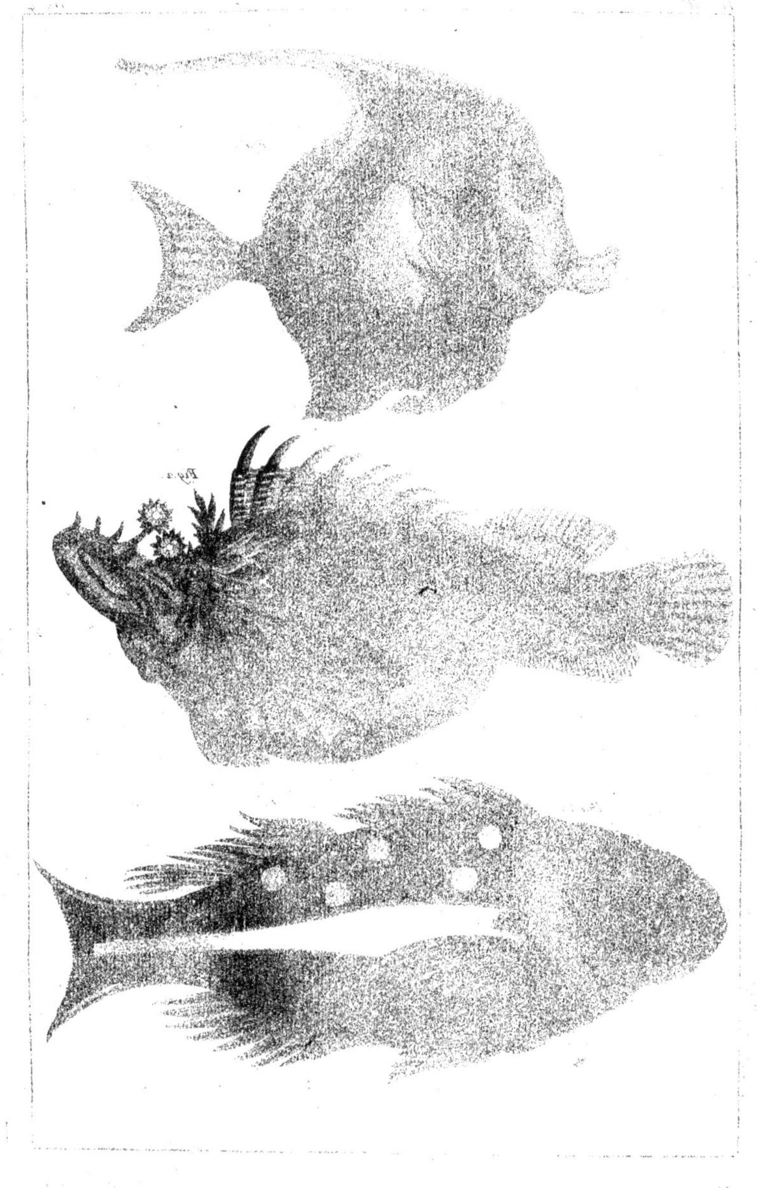
Fig. 2

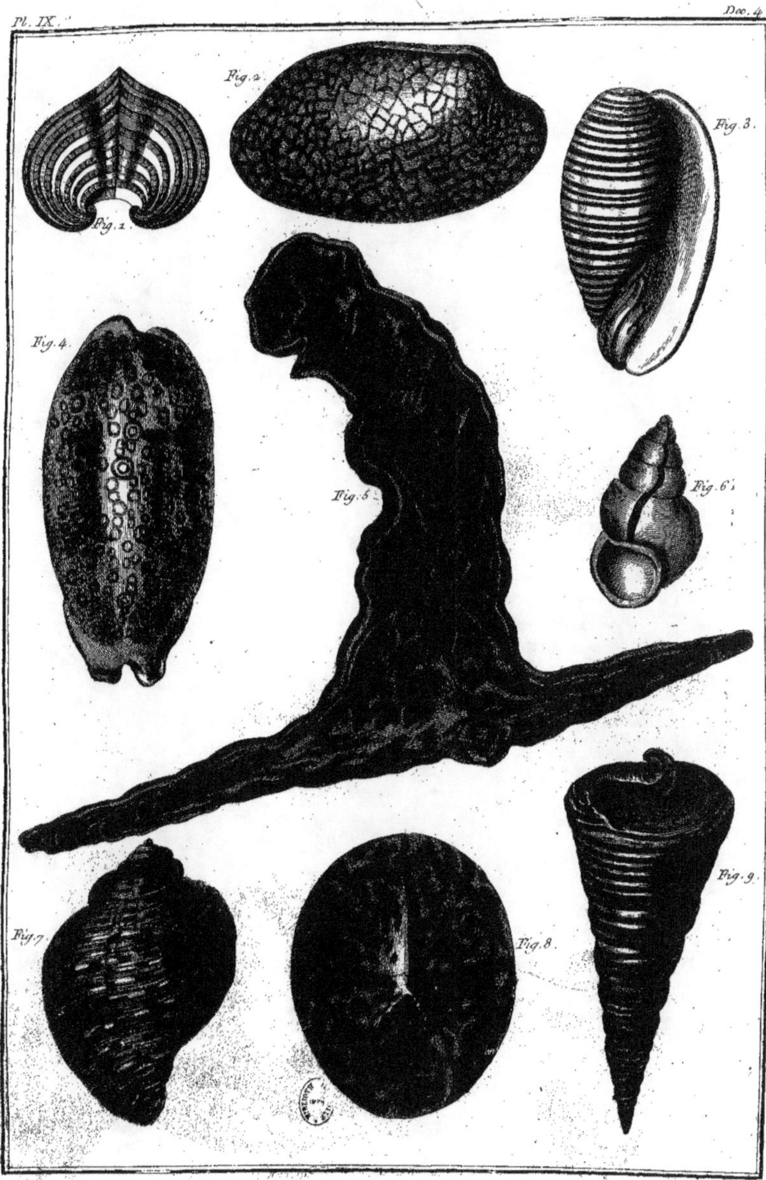
Fig. 2.
Fig. 3.
Fig. 1.
Fig. 4.
Fig. 5.
Fig. 6.
Fig. 7.
Fig. 8.
Fig. 9.

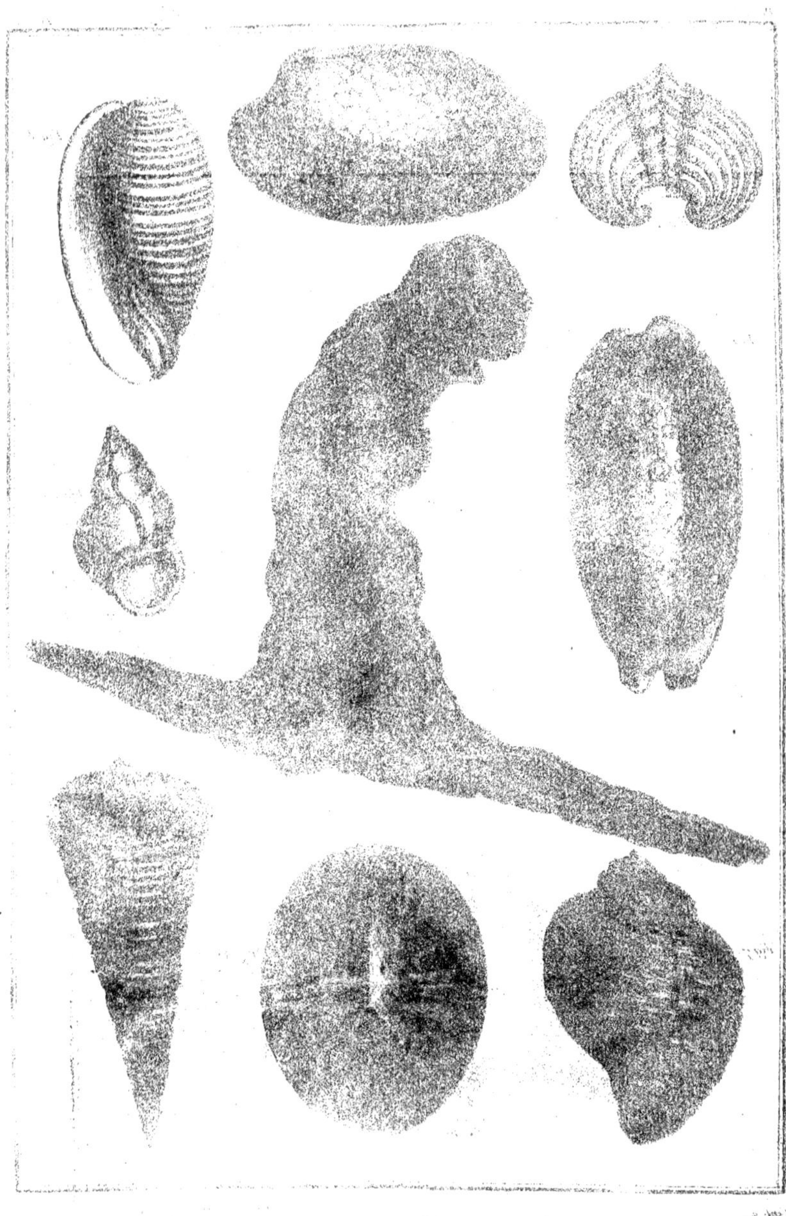

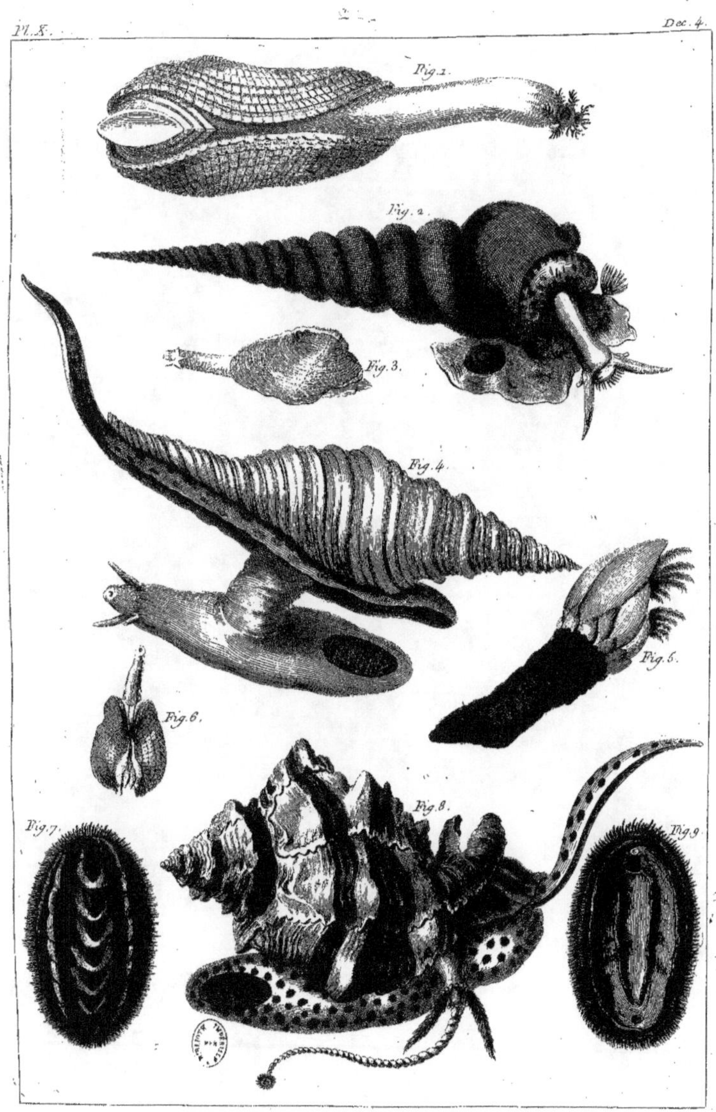

Fig. 1.
Fig. 2.
Fig. 3.
Fig. 4.
Fig. 5.
Fig. 6.
Fig. 7.
Fig. 8.
Fig. 9.

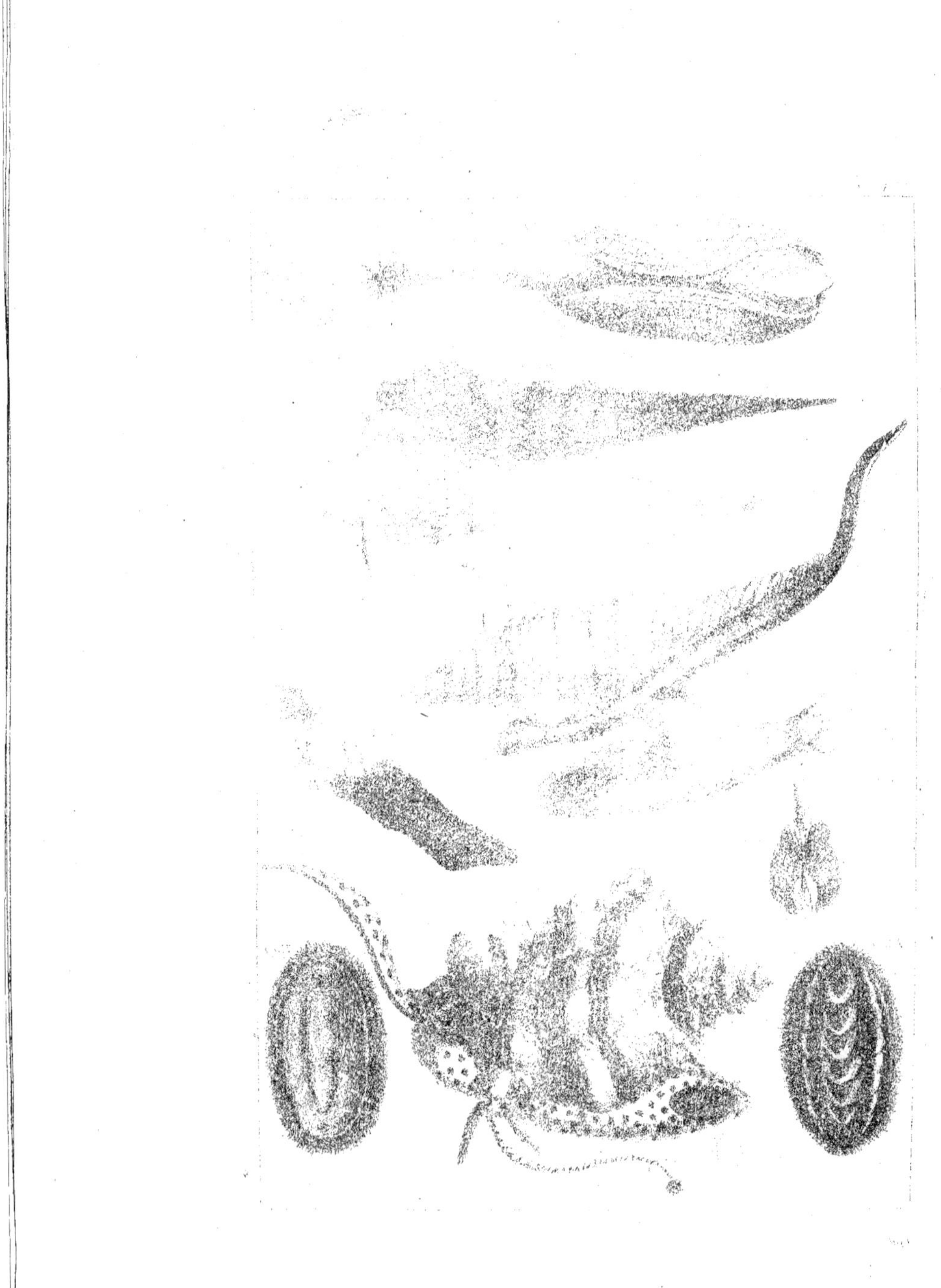

EXPLICATION DES PLANCHES
de la 4. Decade.

PLANCHE I.

Fig. 1. Petit Bouc damoiseau de Guinée. Fig. 2. Marmotte batarde d'Affrique. Fig. 3. Porc à large Grouin, ou Sanglier d'Affrique.

PLANCHE II.

Fig. 1. Rat de Forest de Surinam qui porte ses petits sur son dos. Fig. 2. Femelle de Crapaud de Surinam qui porte aussi ses petits sur son dos.

PLANCHE III.

Camæleon verd de la Cayenne.

PLANCHE IV.

Fig. 1. Serpent à queue applatie à dos brun du Mexique, Fig. 2. Serpent à queue applatie à anneaux des mers des Indes. Fig. 3. Lezard Serpent à queue longue et à écailles rudes, qu'on croit d'Affrique. Fig. 4. Lezard verd à écailles lisses du Cap de Bonne Esperance.

PLANCHE V.

Fig. 1. Phalene odorante de la Jamaïque ayant les écailles etendues, tirée de Clerck. Fig. 2. La même vue différemment. Fig. 3 et 4. Le Papillon idomené de Surinam, vu de deux faces differentes.

PLANCHE VI.

Fig. 1. Sauterelle masle de l'Isle d'Amboine. Fig. 2. Sauterelle femelle. Fig. 3. Scorpion de la grosse espece dont la description se trouve dans notre Journal intitulé Nature considerée sous ses differents aspects Année 1778 et qui est très venimeux.

PLANCHE VII.

Fig. 1 et 3. Tortue cartilagineuse de Schlosser. Fig. 2. Poisson nommé par Schlosser Chaetodon argus.

PLANCHE VIII.

Fig. 1. L'Idole des Payens connu dans le pays sous le nom de Moorse Afgodt. Ce Poisson se trouve aux environs des Isles Moluques. Fig. 2. Le Poisson du Diable des Isles moluques ou Jean Satan. Fig. 3. Le Macolor des Isles moluques, Poisson très rare.

PLANCHE IX.

Fig. 1. Bivalve de la famille des Cœurs, c'est une espece de fausse Arche de Noé de couleur blanchatre, venant des Indes Orientales. Fig. 2. Bivalve de la famille des Cames qu'on nomme l'Ecriture chinoise, à Stries circulaires, fond blanchatre à traits maron brun, qui se croisent en Zig-zags, elle est Orientale. Fig. 3. Univalve de la famille des Tonnes espece rare par le volume, fond blanc à lignes circulaires fauves, connue sous le nom de Pavot rubanné. Fig. 4. Univalve de la famille des Porcelaines, qu'on nomme grand Argus, elle est Orientale. Fig. 5. Bivalve de la famille des Huitres, c'est le Marteau, ce Coquillage est très rare, Oriental et de couleur brune. Fig. 6. Univalve de la famille des Buccins de couleur citron, avec une bande longitudinale brune. Fig. 7. La Conque persique, Coquillage de là famille des Tonnes, cette Coquille est Orientale, peu commune, brune, à bandelettes blanchatres, tachetée de noir. Fig. 8. Le Bouclier à écaille de Tortue, c'est une Coquille de la famille des Lepas, elle est rare et Orientale. Fig. 9. Le Telescope espece de Vis, il est Oriental.

PLANCHE X.

Fig. 1. Multivalve de la famille des Pholades, ce Coquillage est représenté avec l'Animal il est ainsi que sa Coquille blanche et se trouve sur les côtes de la Rochelle. Fig. 2. Univalve de la famille des Vis representé avec l'Animal, il est d'un blanc gris roussatre et sa Coquille est brune. Fig. 3. Multivalve de la famille des Pholades representé avec l'Animal, il est blanc ainsi que sa Coquille, et se trouve dans le Senegal. Fig. 4. Univalve de la famille des Buccins, connu sous le nom de Fuseau ou de Tour de Babel, ce Coquillage est blanc et l'Animal est roussatre, on le trouve dans l'Amerique. Fig. 5. Multivalve representé avec l'Animal, la Coquille est mince, citrine, et l'Animal est blanc, on le trouve dans l'Amerique. Fig. 6. Le Poussepied avec son Poisson qui sort de la Coquille. Fig. 7. Multivalve appellé Oscabrion, il represente la face exterieure de la Coquille et la Fig. 9. en offre la face interne, dans la quelle on remarque l'animal qui est garni de poils, il se trouve dans l'Amerique. Fig. 8. Univalve de la famille des Pourpres, connu sous le nom de Pourpre de Maon ou de la Méditerranée.

Cont. 2.

Fig. 1.
Fig. 2.
Fig. 3.

Fig. 1.
Fig. 2.
Fig. 3.

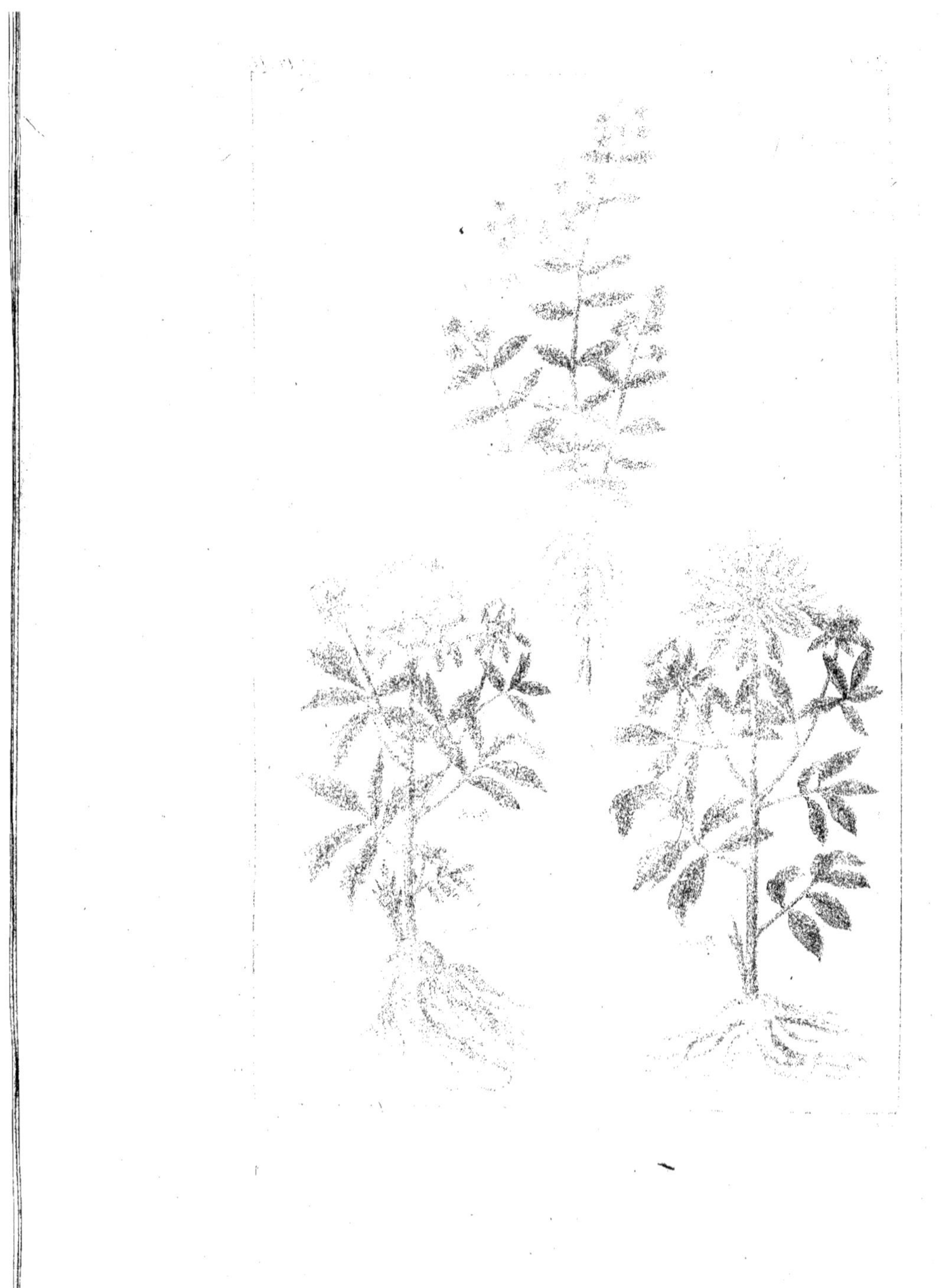

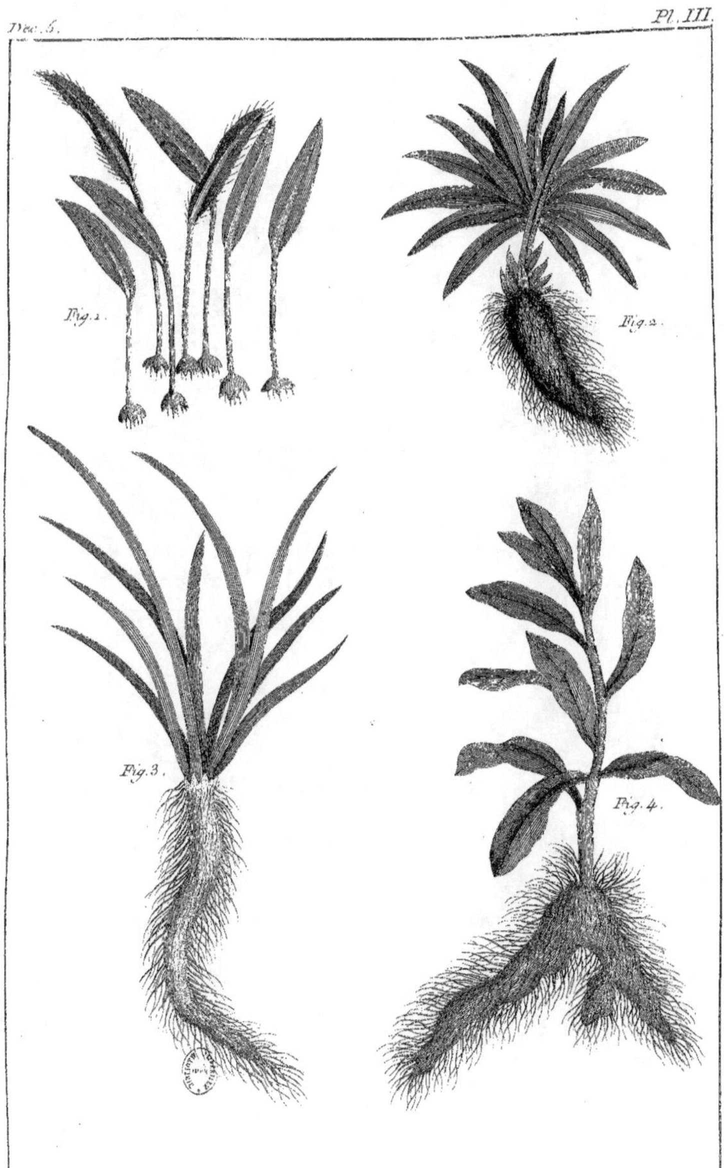

Fig.1.
Fig.2.
Fig.3.
Fig.4.

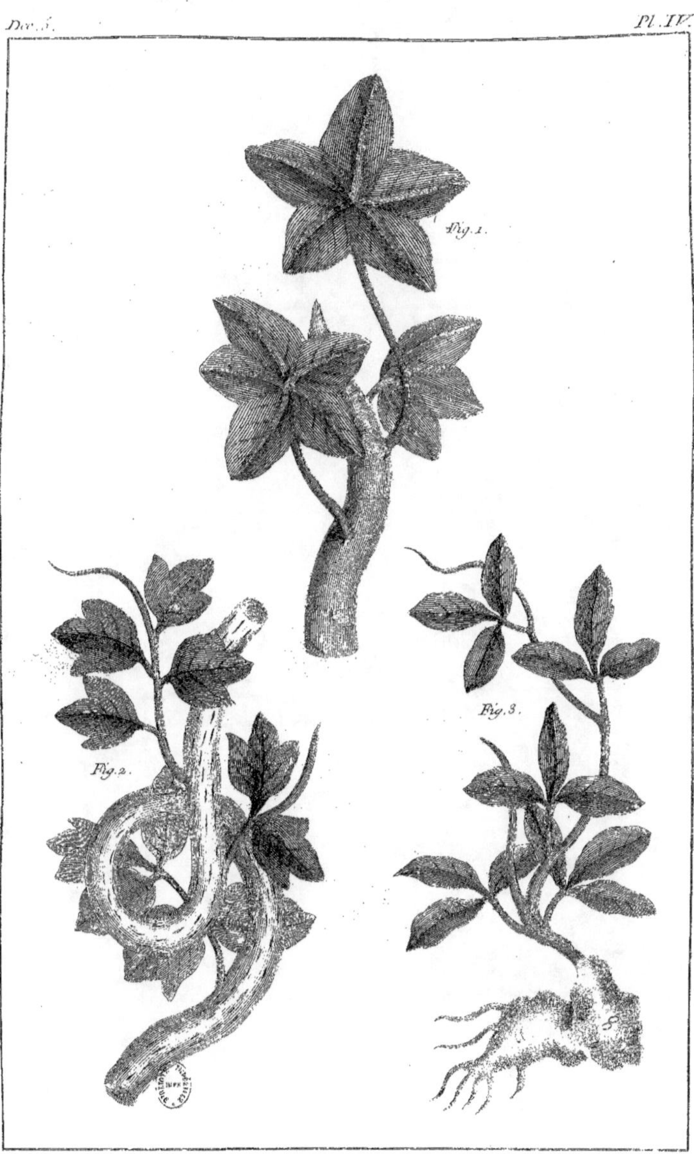
Fig.1.
Fig.2.
Fig.3.

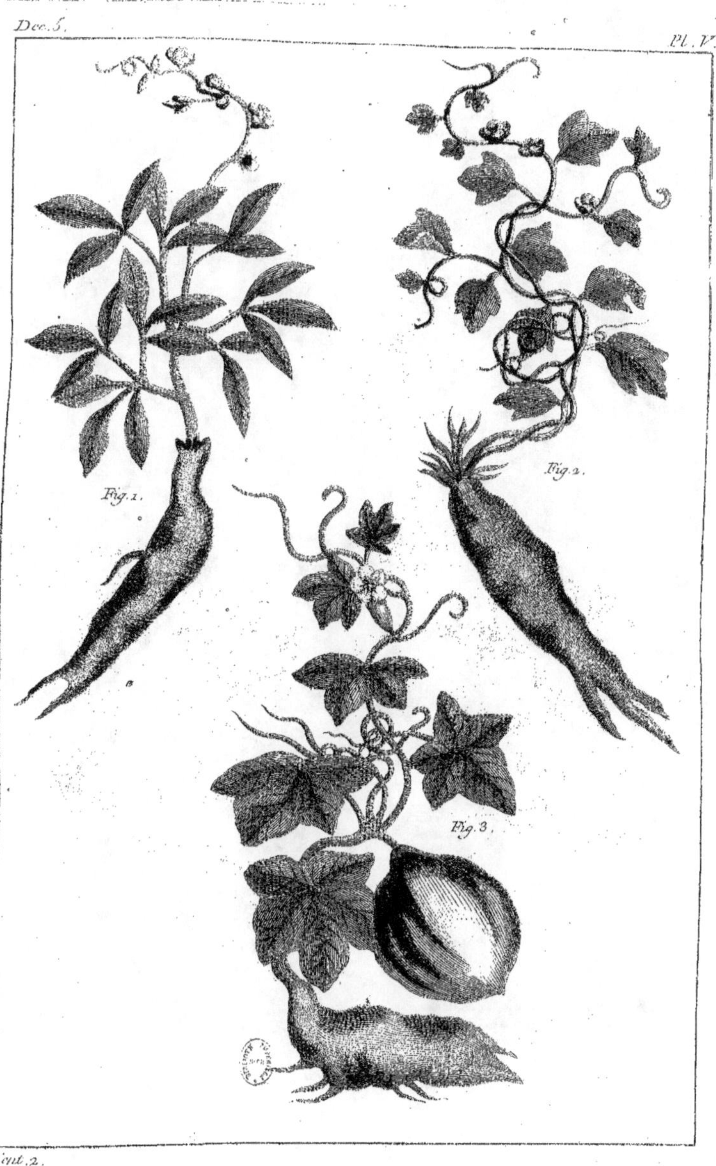

Fig. 1.
Fig. 2.
Fig. 3.

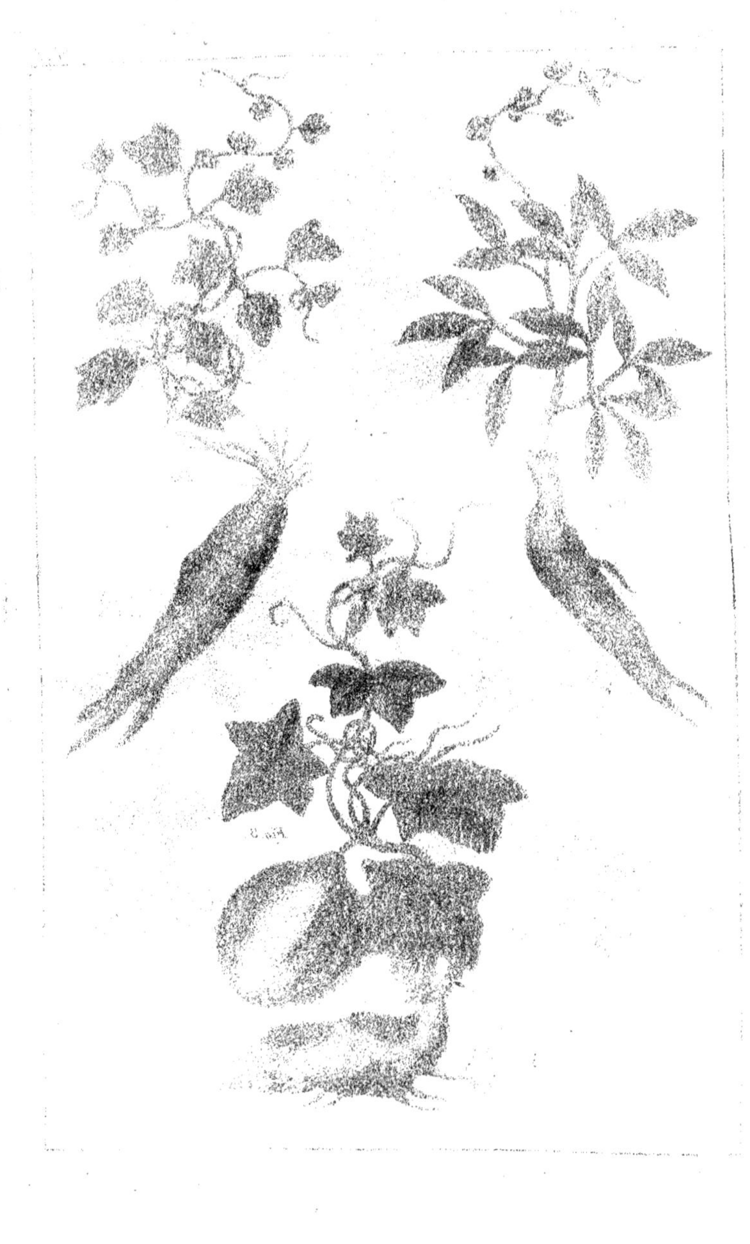

Fig. 1.

Fig. 2.

Fig. 3.

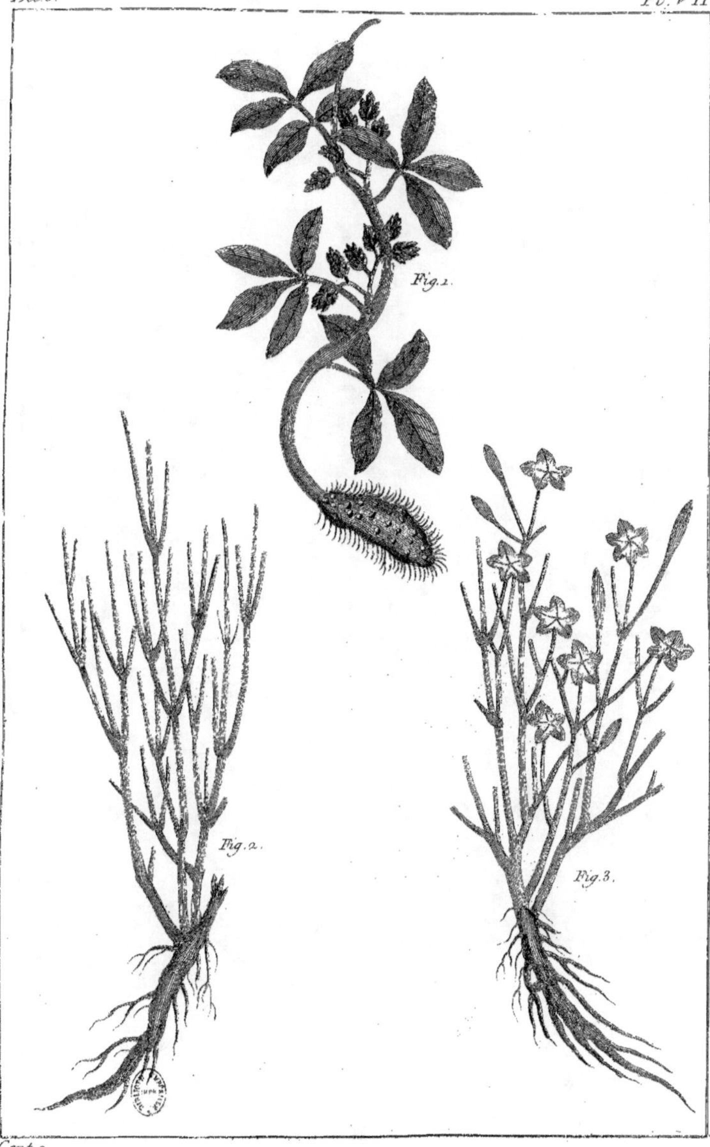

Fig. 1.
Fig. 2.
Fig. 3.

Fig. 1.
Fig. 2.
Fig. 3.

Fig. 1.
Fig. 2.
Fig. 3.

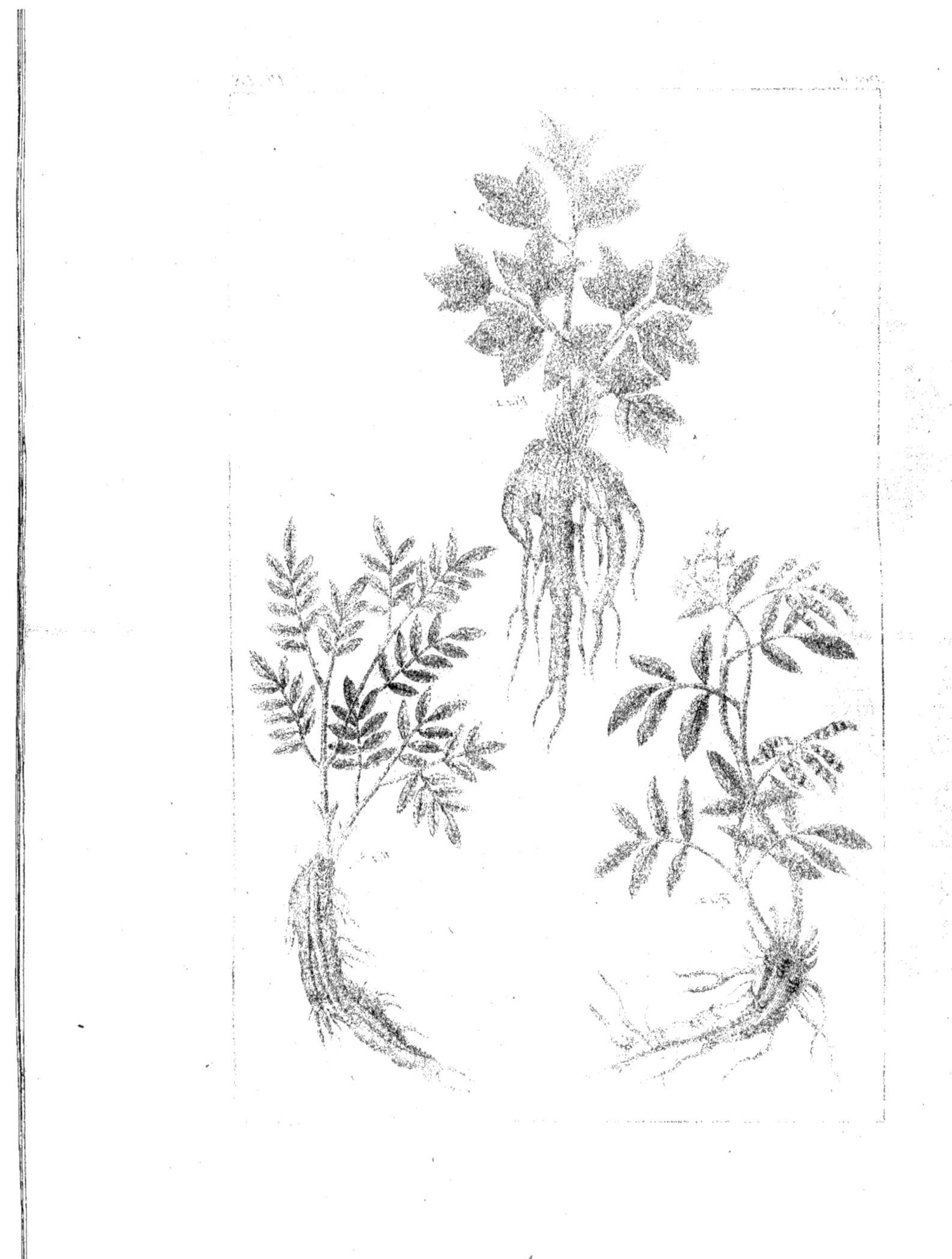

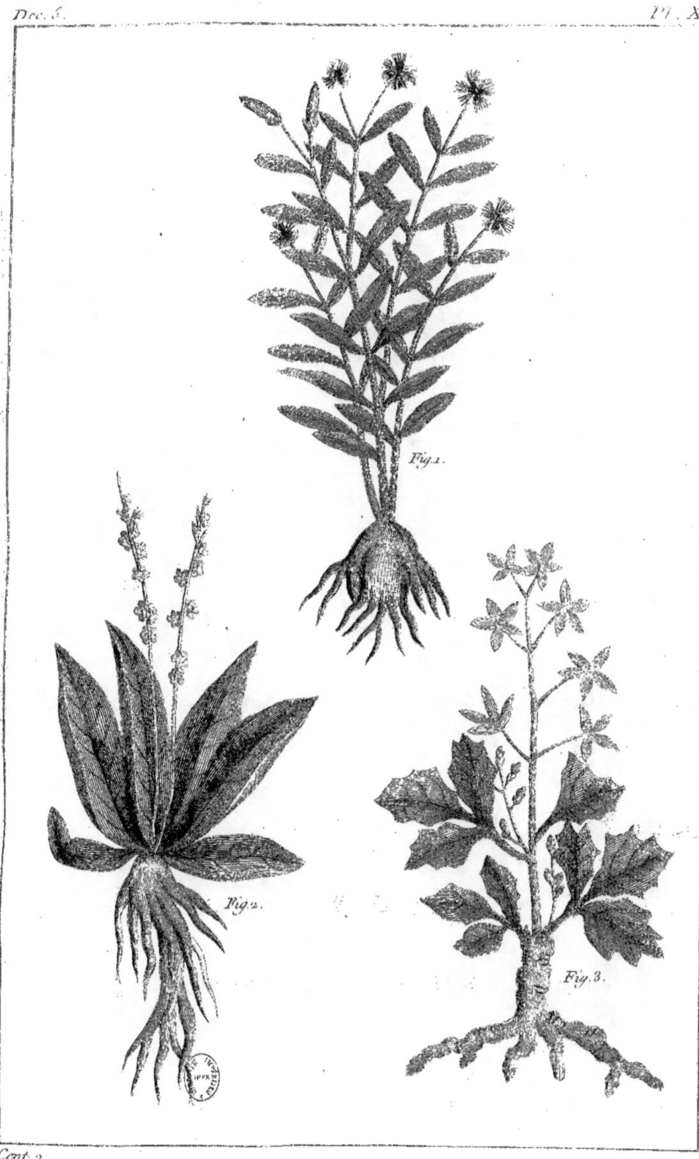

Fig. 1.
Fig. 2.
Fig. 3.

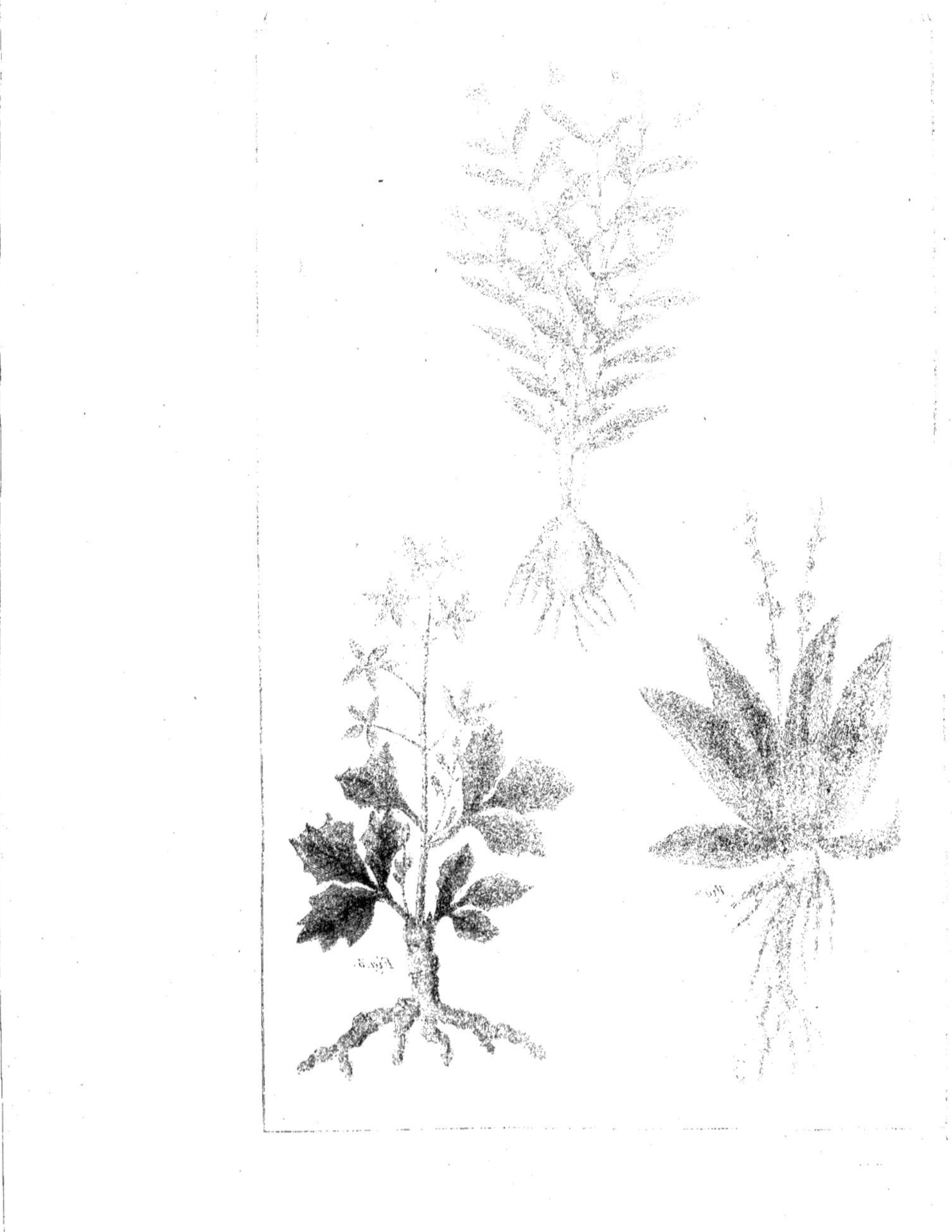

EXPLICATION DES PLANCHES
de la 5ᵉ Decade.

Pl. 1. Fig. 1. 檳榔 *Lang ping* — Fig. 2. 汝州枳殼 *Kio Cchi* — Fig. 3. 成州枳實 *che Cchi*

Pl. 2. Fig. 1. 寧化軍泰兀 *Yan Cchin* — Fig. 2. 赤芍藥 *yo chao Cchi* — Fig. 3. 白芍藥 *yo chao pe*

Pl. 3. Fig. 1. 海州石韋 *Yei che* — Fig. 2. 成勝軍知母 *mo Cchi* — Fig. 3. 衛州知母 *mo Cchi*

et Fig. 4. 滁州知母 *mo Cchi*

Pl. 4. Fig. 1. 通草 *Tsao tong* — Fig. 2. 解州木通 *Cong mo* — Fig. 3. 興元府木通 *Long mo*

Pl. 5. Fig. 1. 海州葛根 *Ken Ke* — Fig. 2. 成州葛根 *Keu Ke* — Fig. 3. 均州栝樓 *Lo Kua*

Pl. 6. Fig. 1. 解州知母 *mo Cchi* — Fig. 2. 滁州百合 *ho pe* — Fig. 3. 成州百合 *ho pe*

Pl. 7. Fig. 1. 海州木通 *Cong mo* — Fig. 2. 茂州黄麻 *hoang ma* — Fig. 3. 同州黄麻 *hoang ma*

Pl. 8. Fig. 1. 滁州葉耳實 *che Cul Si* — Fig. 2. 越州泰椒 *Csiao Csing* — Fig. 3. 海州山茱萸 *yu Cchu chan*

Pl. 9. Fig. 1. 文州當歸 *Kuei Cang* — Fig. 2. 秦州苦參 *chin Ku* — Fig. 3. 成德軍苦參 *chin Ku*

Pl. 10. Fig. 1. 絳州瞿麥 *mai Kiu* — Fig. 2. 秦州秦兀 *Yan Csin* — Fig. 3. 齊州秦兀 *Yan Csin*

Nota. Il paroit conjointement avec ce Cahier 1.° le 3.ᵉ Cahier de la 2.ᵈᵉ Centurie des Planches enluminées qui se cultivent, tant dans les Jardins de la Chine, que dans ceux de l'Europe; 2.° le 2.ᵈ Cahier des Quadrupèdes de la France, avec l'explication au bas de chaque Planche. 3.° le 1.ᵉ Cahier des animaux etrangers à la France, precedé des Costumes des peuples des 4 parties de la terre. 4.° le 1.ᵉ Cahier de la Collection gravée des Plantes les plus nouvelles et les plus rares. 5.° le 1.ᵉ Cahier de Plantes enluminées avec leur detail. 6.° le 3.ᵉ Cahier de discours de l'Histoire générale et Œconomique des 3 regnes.

[illegible]

[illegible]

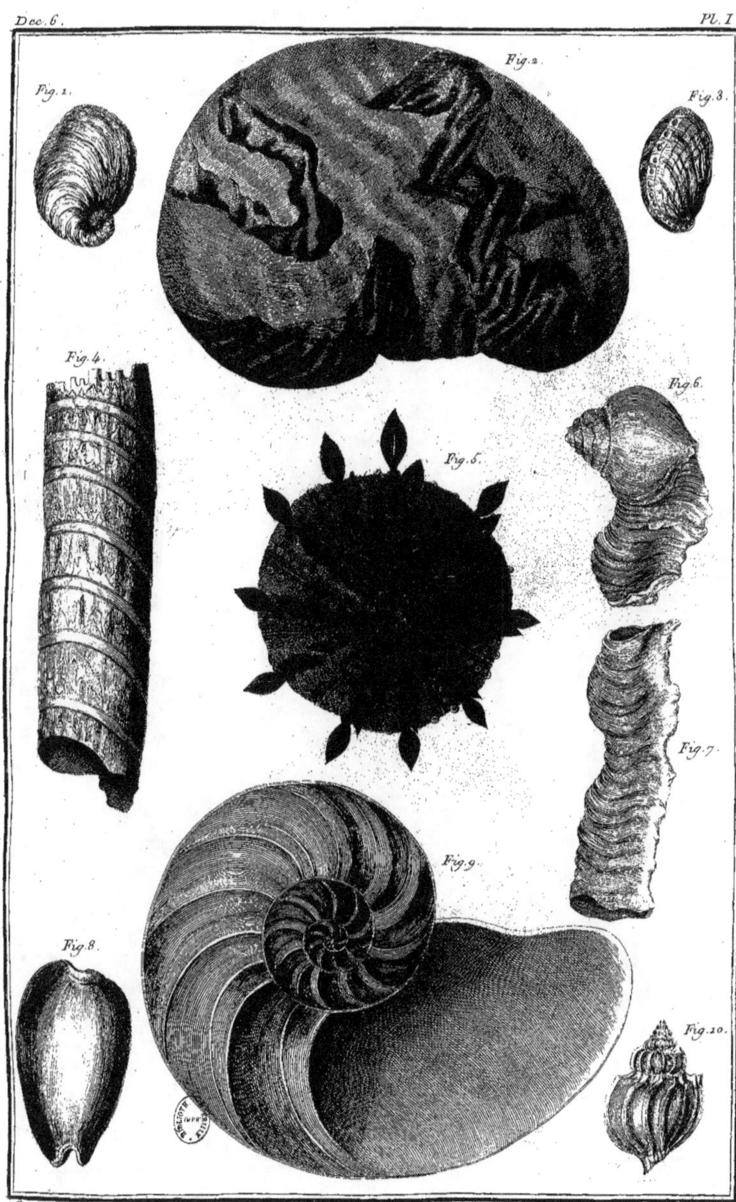
Fig.1.
Fig.2.
Fig.3.
Fig.4.
Fig.5.
Fig.6.
Fig.7.
Fig.8.
Fig.9.
Fig.10.

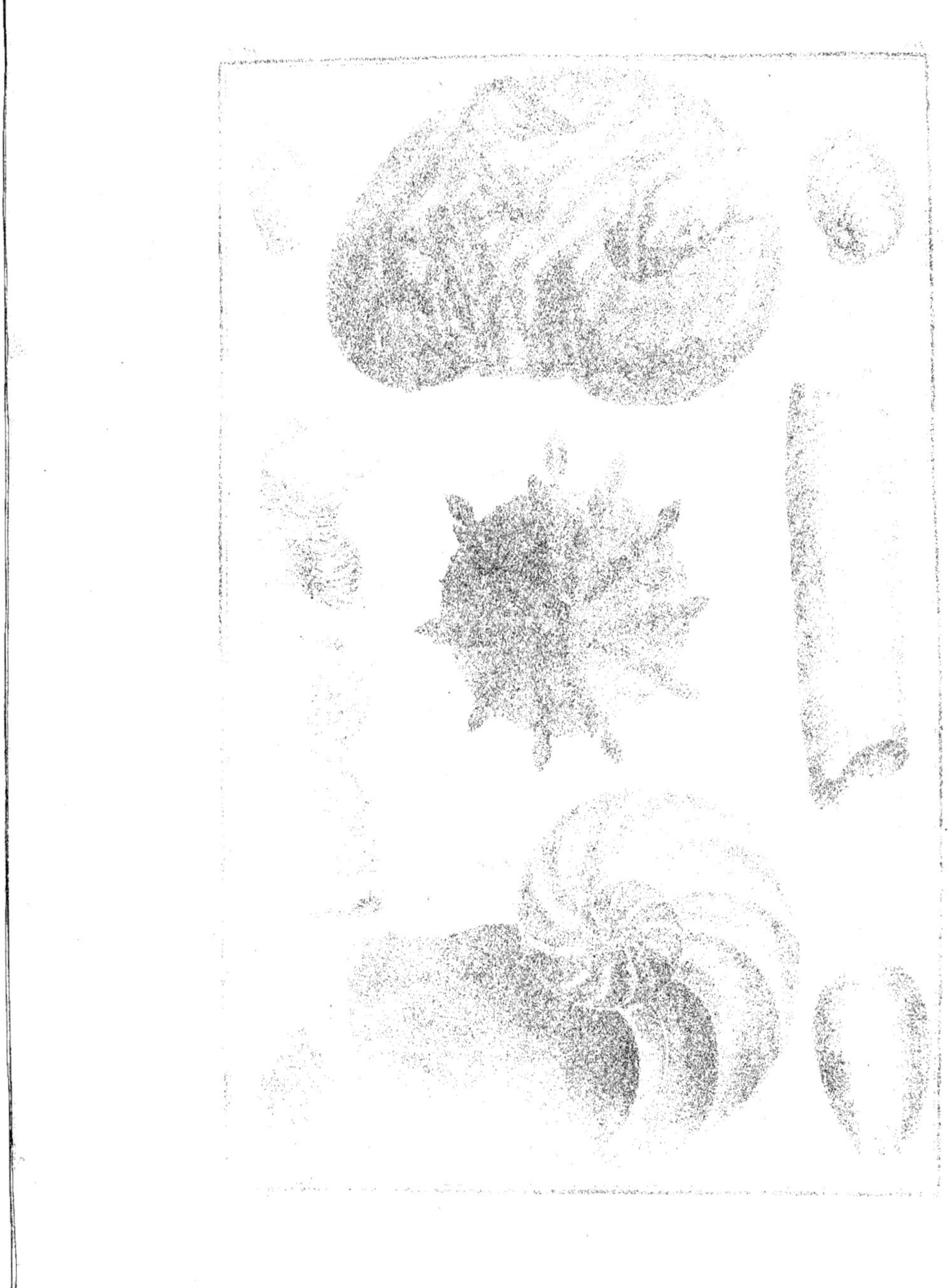

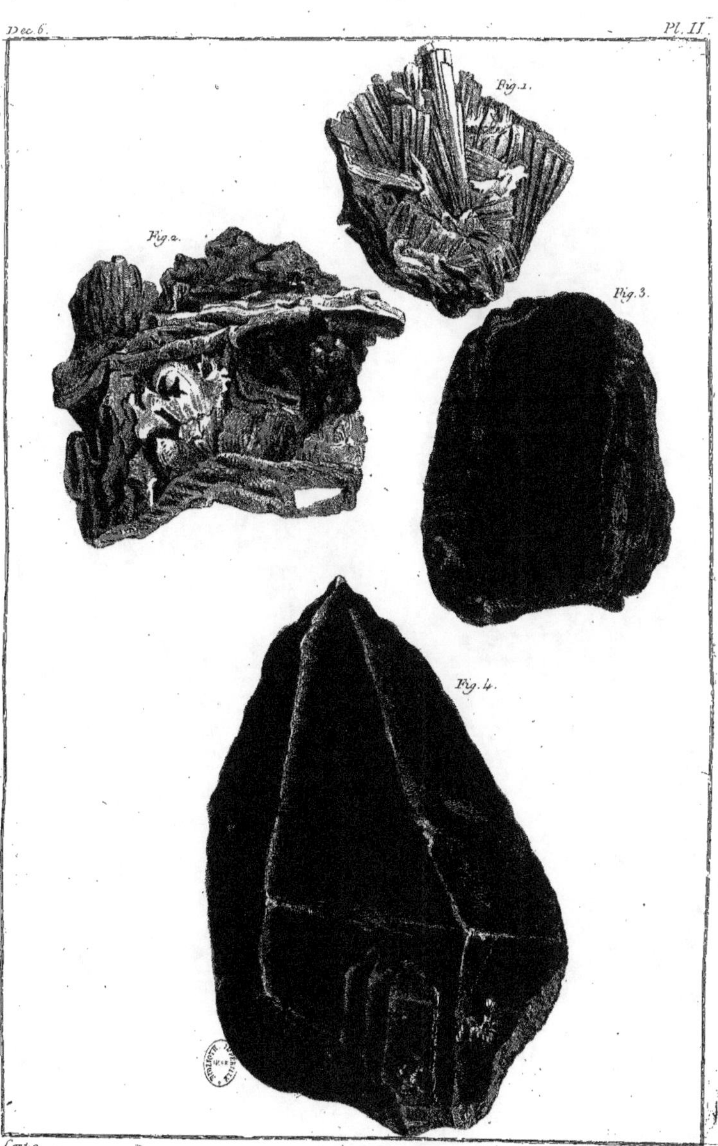
Fig.1.
Fig.2.
Fig.3.
Fig.4.

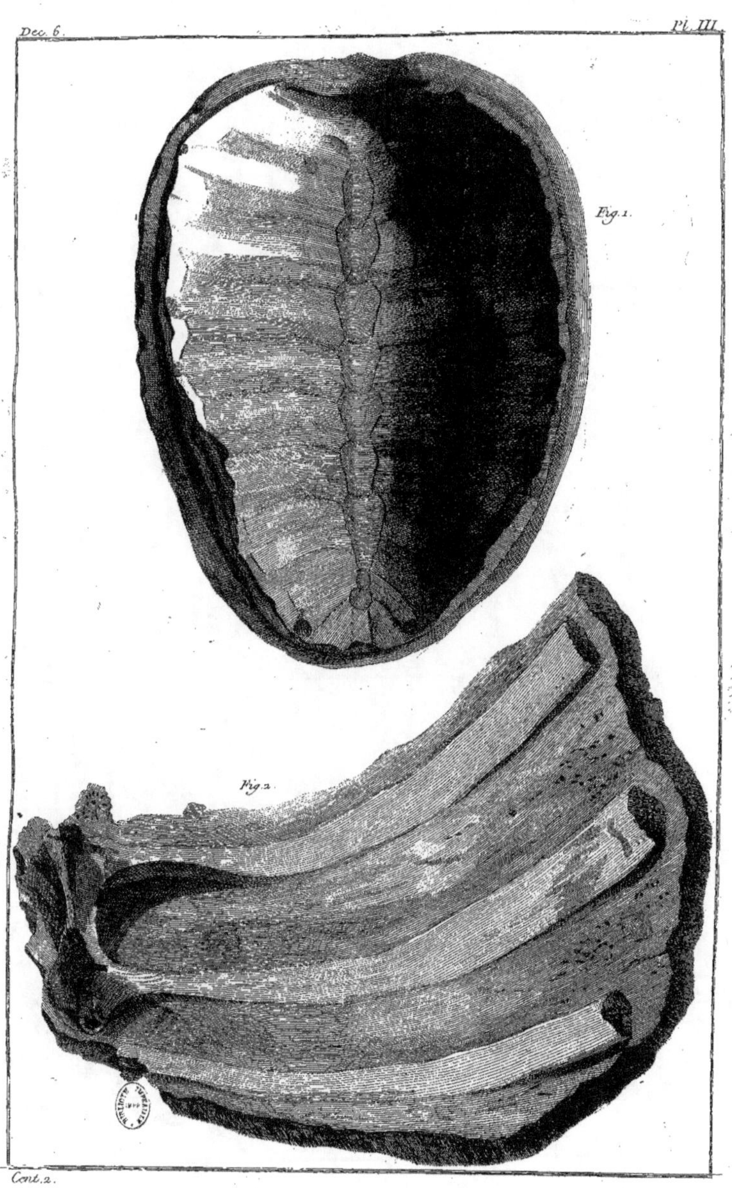
Fig.1.
Fig.2.

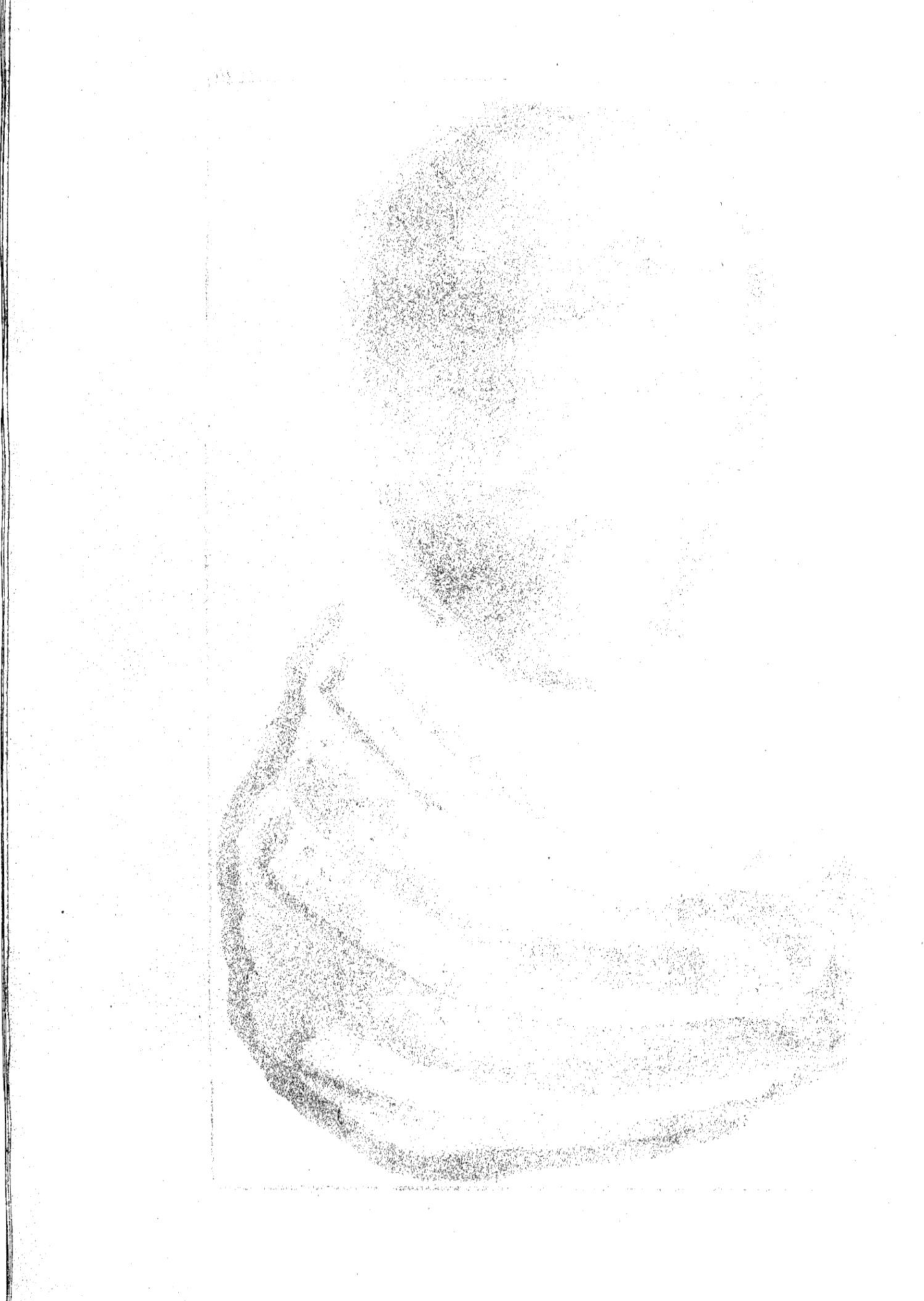

Fig. 1.
Fig. 2.
Fig. 3.
Fig. 4.
Fig. 5.
Fig. 6.
Fig. 7.
Fig. 8.
Fig. 9.
Fig. 10.
Fig. 11.

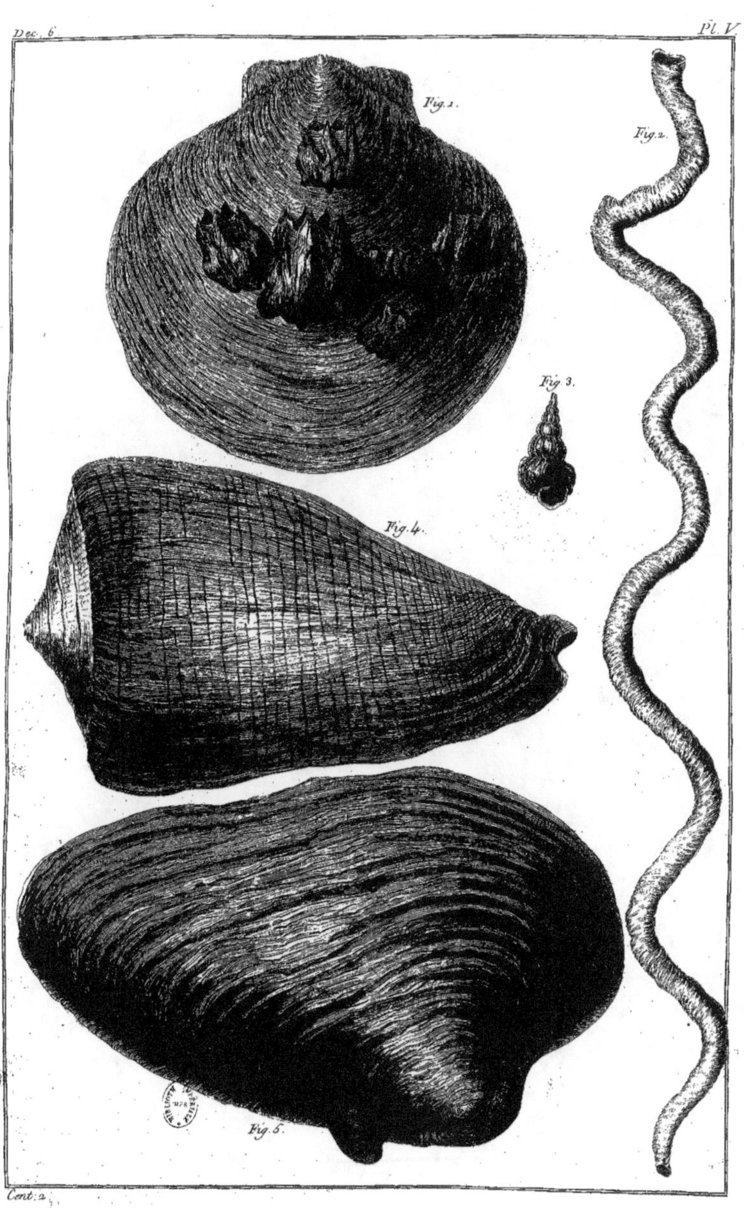
Fig. 1.
Fig. 2.
Fig. 3.
Fig. 4.
Fig. 5.

Fig. 1.
Fig. 2.
Fig. 3.
Fig. 4.
Fig. 5.

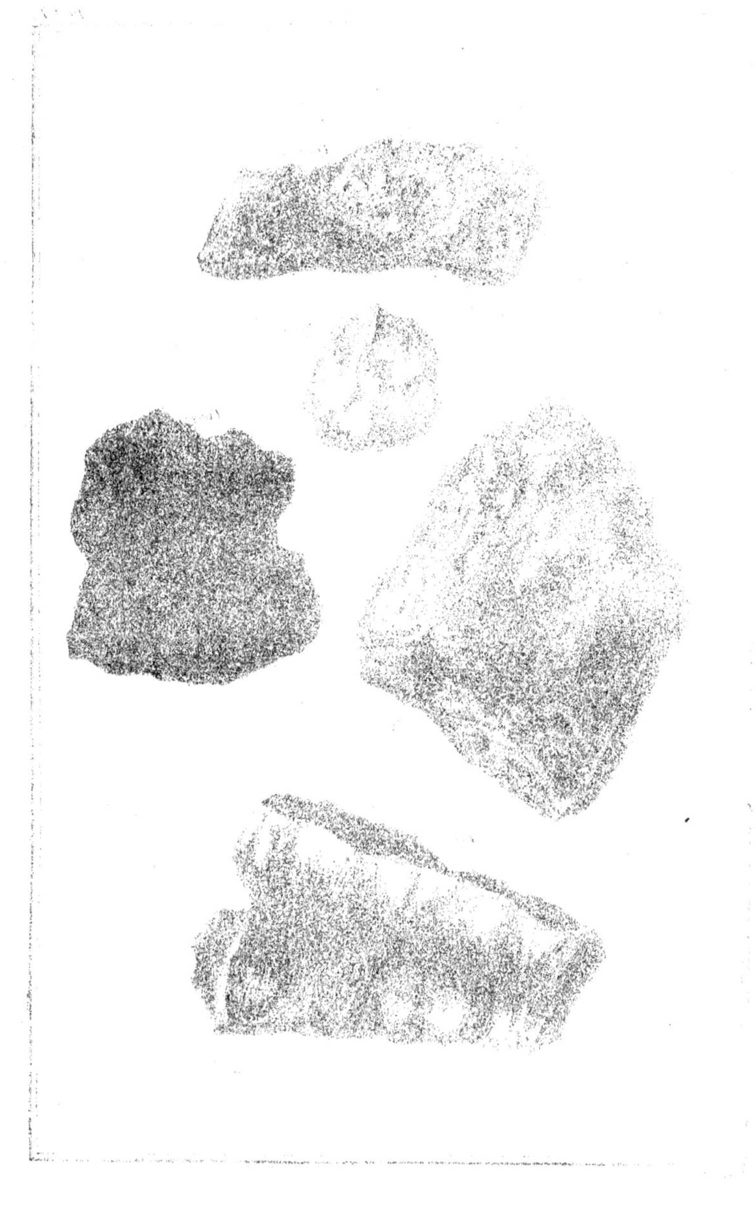

Fig. 1.

Fig. 2.

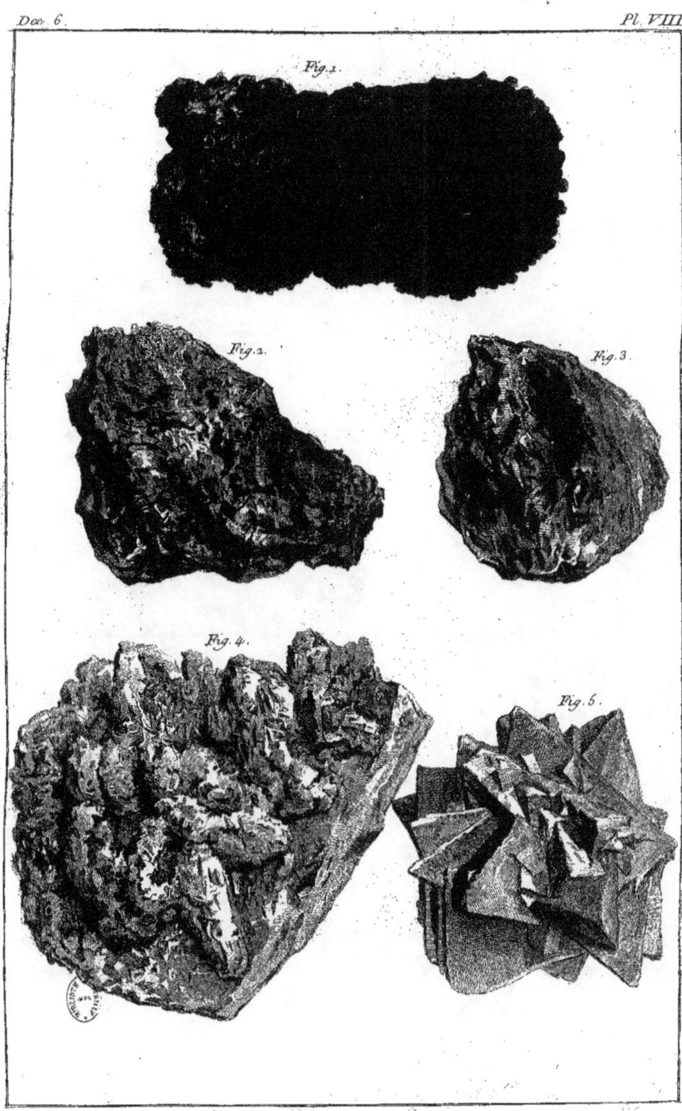
Fig. 1.
Fig. 2.
Fig. 3.
Fig. 4.
Fig. 5.

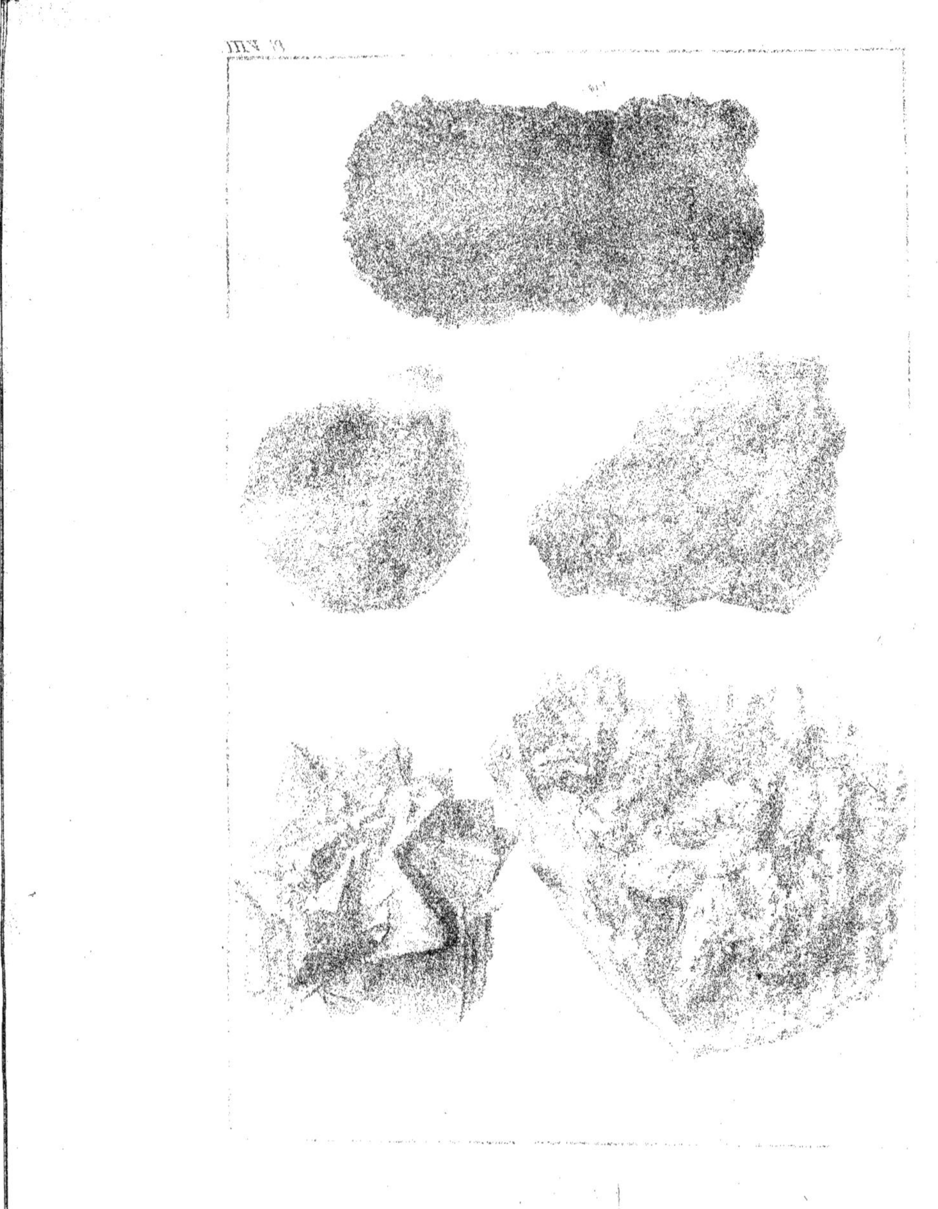

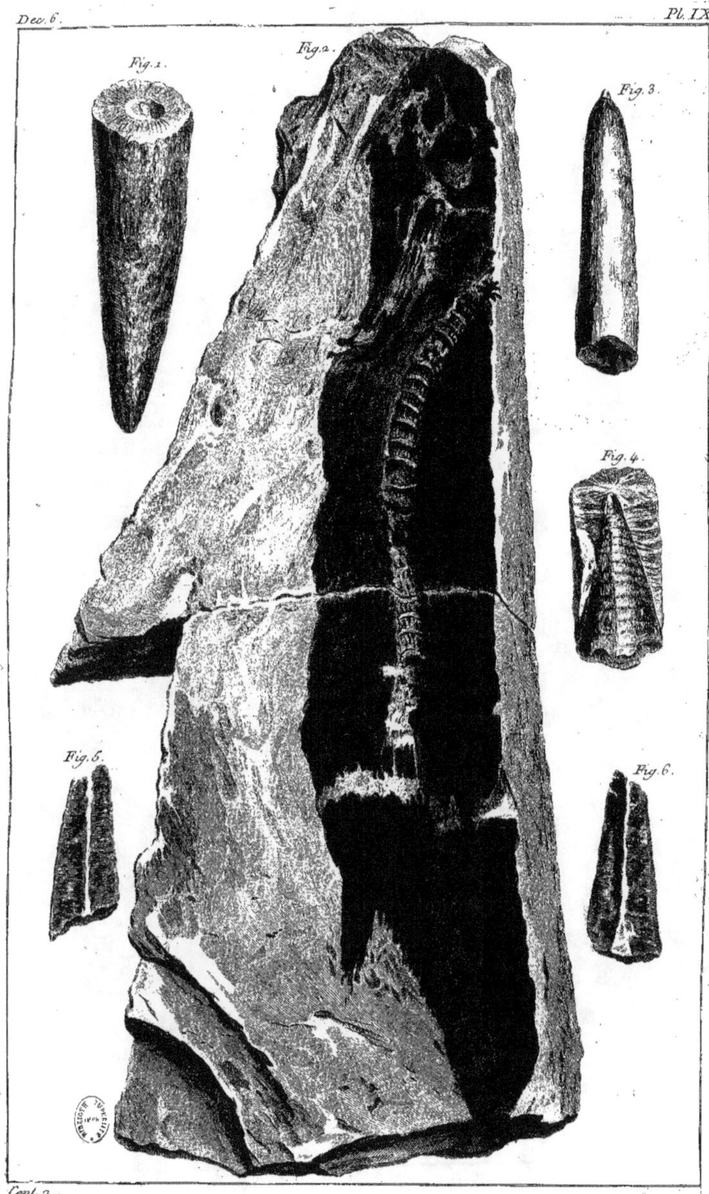
Fig. 1.
Fig. 2.
Fig. 3.
Fig. 4.
Fig. 5.
Fig. 6.

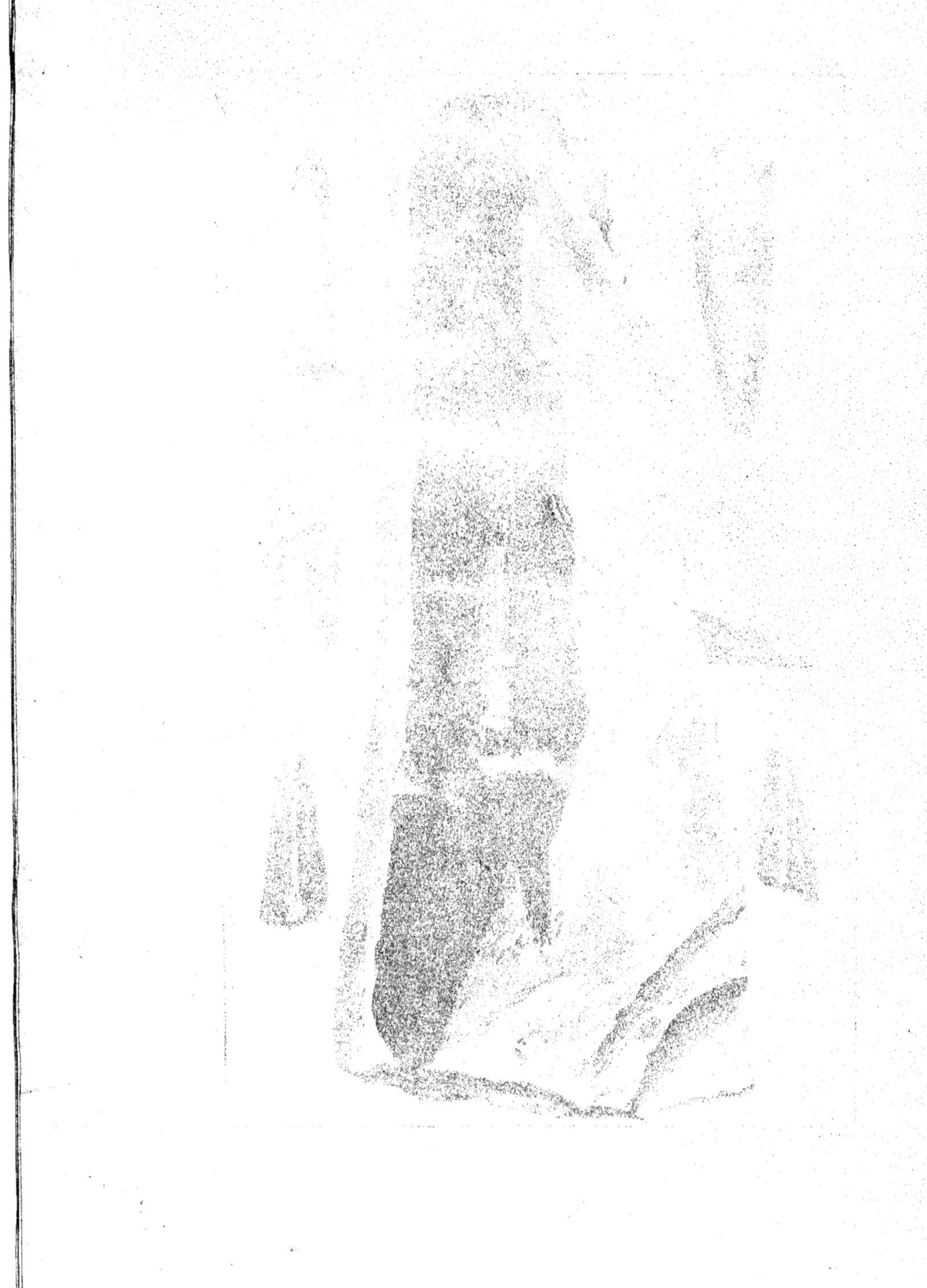

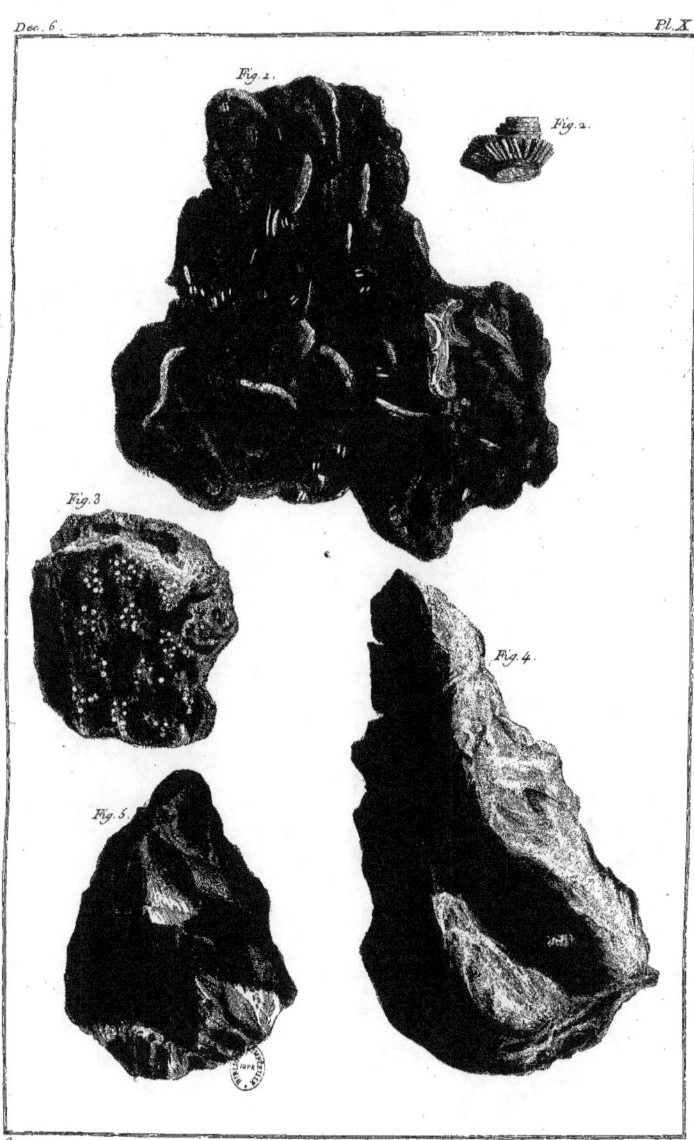

Fig. 1.
Fig. 2.
Fig. 3
Fig. 4.
Fig. 5.

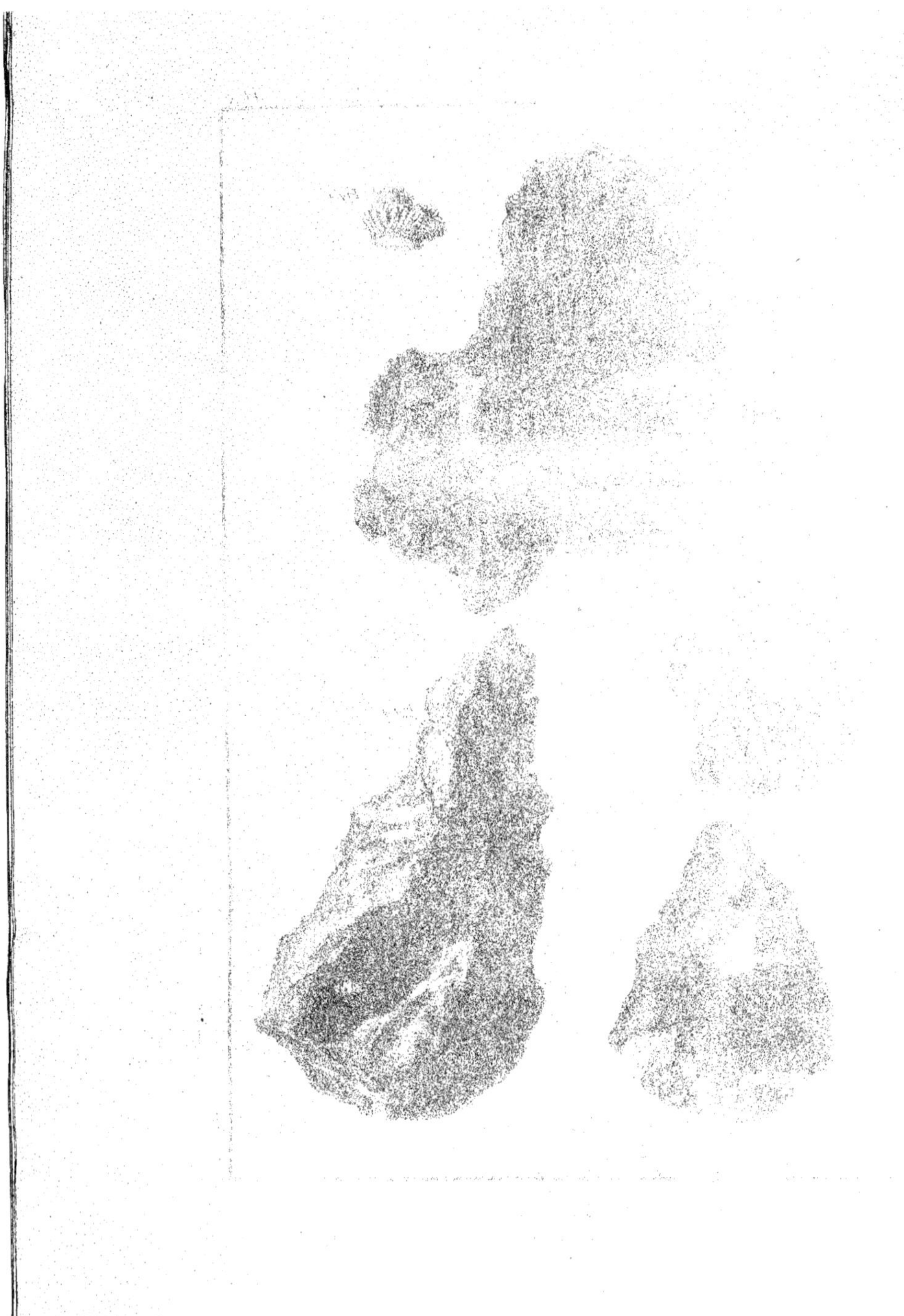

EXPLICATION DES PLANCHES
de la 6.ᵉ Decade.

PLANCHE I.

Fig. 1. Oreille de mer sans trou, Fossile de grandeur naturelle. Fig. 2. Fragment de Nautile, Fossile curieux par sa nature, qui est très bien conservé. Fig. 3. Oreille de mer a trou. Fig. 6. Oursin avec toutes ses pointes petrifiées, morceau très rare. Fig. 8. Porcelaine Fossile. Fig. 9. Portion interieure d'une Nautile Fossile, qui conserve sa Nacre. Ces six morceaux sont tirés du Cabinet de M. de Luc, demeurans à Geneve. Fig. 4. la Nautocerachite, ci devant faisant partie de la Collection de M. Davila, ainsi que les trois suivans. Fig. 6 et 7. Vermiculaire Spathique terminé à une de ses extremités en forme de Limaçon. Fig. 10. Bucin feuilleté Fossile.

PLANCHE II.

Fig. 1. Spath colomnaire strié blanchatre. Fig. 2. Mine d'Argent melée de Plomb sur des lits de Quartz verdatre. Fig. 3. Mine de Fer, riche d'un brun brillant des environs de Groefenthal. Fig. 4. Quartz chrystalisé noir, surnomé Morion de Ceylan.

PLANCHE III.

Fig. 1. Tortue entiere petrifiée, tirée du Cabinet de M. Burtin, Medecin consultant de son Altesse royale le Prince Charles de Lorraine. Fig. 2. Fragment considerable d'une très grande Tortue de mer incrustée, tirée du même Cabinet.

PLANCHE IV.

Fig. 1. Galene à petits Cubes ou grainelée sur du Spath mêlé de Quartz. Fig. 2. Mine de Plomb terreuse, un peu melée de Fer. Fig. 3. Mine de Fer spathique, de couleur brune tirant sur le jaune. Fig. 4. Argent vierge superficiel en Dendritte. Fig. 5. Mine d'Argent rouge en quarrés oblongs, couchés l'un sur l'autre, elle vient d'Annaberg. Fig. 6. Mine d'Argent blanc, garnie de très beaux Chrystaux et d'Argent copillaire. Fig. 7. Glebe de Fer, grise bariolée avec une teinture de verd et couverte d'une envelope d'ochre. Fig. 8. Mine de Fer spathique. Fig. 9. Espece de Mine de Cobalt. Fig. 10. Mine de Plomb, de forme frisée, d'un jaune tirant sur le verd. Fig. 11. Glebe de Cinabre de Hongrie.

PLANCHE V.

Fig. 1. Sole petrifiée et couverte de Glands de mer, de grandeur naturelle. Fig. 2. Vermisseau petrifié d'une grande beauté, de la longueur de 36 pouces. Fig. 3. Scalata fossile. Fig. 4. Cornet petrifié de grandeur naturelle. Fig. 5. Telline petrifiée de grandeur naturelle, très remarquable par son ligament aussi petrifié. Le tout est tiré du Cabinet de M. de Luc Citoyens de Geneve.

PLANCHE VI.

Fig. 1. Etain en partie à plusieurs facettes, en partie plus informe avec une Pyrite blanchâtre et un Fluor tant couleur de pourpre que verdâtre sur une pierre cornée, tiré des Mines de la haute Saxe. Fig. 2. Ochre blanche de Plomb de Saxe. Fig. 3. Mine d'Or en Lames, noiratre dans un Spath etincellant couleur de rose, de Nagyag en Transylvanie. Fig. 4. Mine de Vif Argent de couleur hepatique foncée, d'Idria. Fig. 5. Zeolithe tuberculée et etoilée en dehors, fibreuse et reticulée en dedans.

PLANCHE VII.

Fig. 1. Groupe de Vermisseaux petrifiés du Cabinet de M. Burtin, medecin de Bruxelles. Fig. 2. Fragment d'un gros Vermiculaire petrifié, tiré du même Cabinet.

PLANCHE VIII.

Fig. 1. Joli morceau d'Hematite noiratre, tiré du Cabinet de M. le Duc de Chaulnes. Fig. 2 et 3. Deux Morceaux de Mine de Cuivre azuré, tirés du Cabinet de M. de Favane. Fig. 4. Mine de Plomb sur des Chrystaux spathiques, de forme lenticulaire, tiré aussi du Cabinet de M. de Favane. Fig. 5. Gre chrystalisé et isolé de Fontainebleau, tiré du Cabinet de l'Auteur.

PLANCHE IX.

Fig. 1 et 3. Belemnites. Fig. 4. l'interieur d'une Belemnite avec son Alveole. Fig. 6. Morceau de Belemnite. Fig. 2. Poisson petrifié avec sa vertebre aussi petrifiée, tiré du Cabinet de Monsieur l'Abbé Rosier.

PLANCHE X.

Fig. 1 et 2. Verdet chrystallisé, rassemblé en tuberosités, accompagné de lames couchées de Spath blanc. Fig. 3. Plomb spatheux d'un bleu noiratre, en partie informe, en partie Chrystallisé, parsemé profondement d'Ochre de Fer, couleur de Saffran. Fig. 4. Argent rude, blanc, luisant, melé d'Argent nud, de Marcassite et de Pyrite cuivreuse dans un quartz gris et verdatre sur une pierre dure et blanche. Fig. 5. Pyrite de Cuivre jaune et de differentes couleurs entre un quartz d'une couleur de Lait et une Roche imitant la Poix, sur une pierre talqueuse verdatre de la Mine, qu'on nomme Aigle de Brandebourg, dans le Teritoire de Baruth.

Cent. 2.

Pl. II.
Dec. 7.
Fig. 1.
Fig. 2.
Cent. 2.

Fig. 1 .
Fig. 2 .

Fig.1.
Fig.2.

Fig. 1.
Fig. 2.

Cent. 2.

Cent. 2.

Fig. 1

Fig. 2

Cent. 2.

Fig. 1.
Fig. 2.

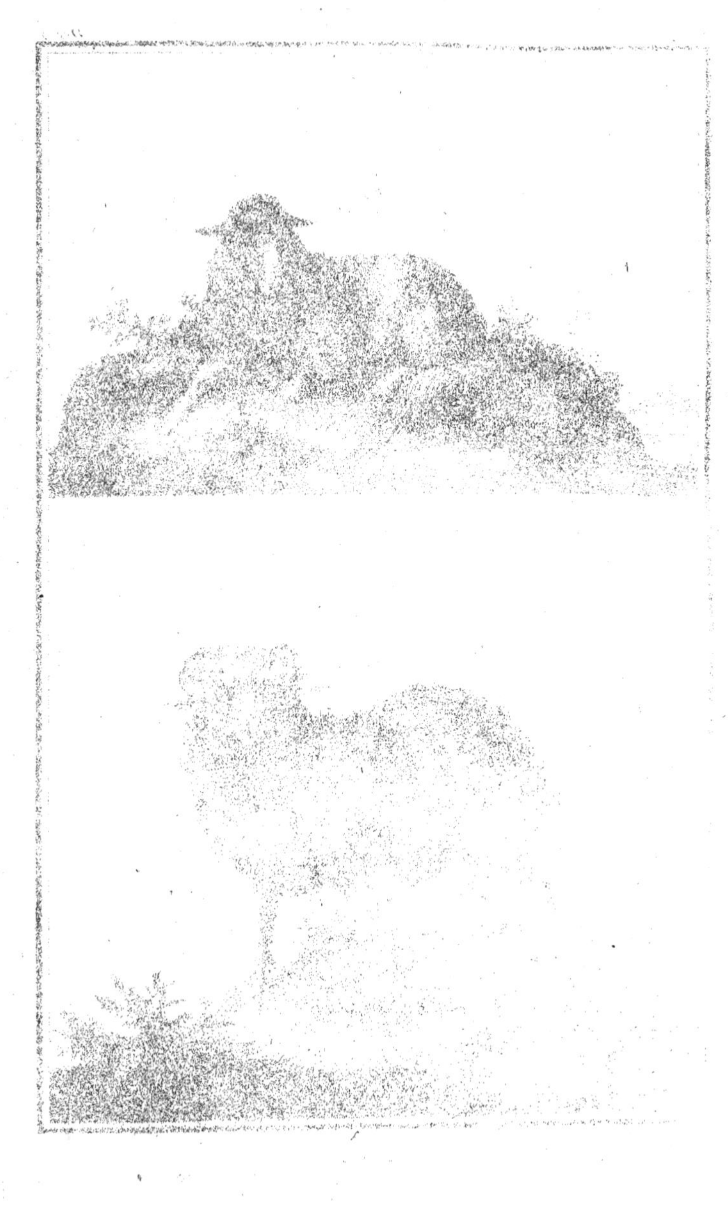

EXPLICATION DES PLANCHES.
de la 7.ᵉ Decade.

PLANCHE I.

Fig. 1. *Canard domestique*. Fig. 2. *L'Oye domestique*.

PLANCHE II.

Fig. 1. *Chevre de Cambie*. Fig. 2. *Bouc de Cambie*.

PLANCHE III.

Fig. 1. *Chien Bichon*. Fig. 2. *Dogue de forte race*.

PLANCHE IV.

Fig. 1. *Pigeon Biset*. Fig. 2. *Pigeon Gorge patu*.

PLANCHE V.

Fig. 1. *Poule naine patue*. Fig. 2. *Poule à Crête dorée*.

PLANCHE VI.

Fig. 1. *Mouton Bosseron*. Fig. 2. *Mouton Vexin*.

PLANCHE VII.

Fig. 1. *Coq nain patu*. Fig. 2. *Coq à Crête dorée*.

PLANCHE VIII.

Fig. 1. *Asne*. Fig. 2. *Cheval Comtois*.

PLANCHE IX.

Fig. 1. *Pigeon Chevalier*. Fig. 2. *Pigeon Ramier*.

PLANCHE X.

Fig. 1. *Mouton de Hongrie*. Fig. 2. *Mouton de Faulx*.

Nous renvoyons pour la description de ces Animaux à notre Histoire générale et œconomique des 3 regnes traité 2.ᵈ des Animaux.

Les 6 1.ᵉʳˢ Cahiers du 1.ᵉʳ traité concernant l'Homme paroissent actuellement.

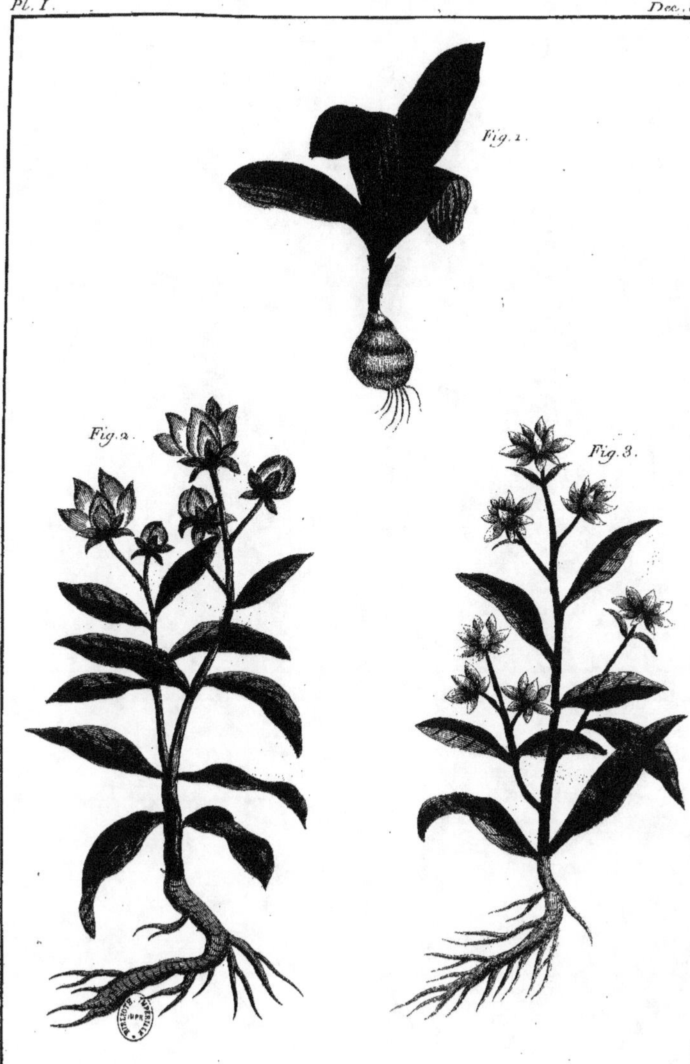
Fig. 1.
Fig. 2.
Fig. 3.

Fig. 1.

Fig. 2.

Fig. 3.

Fig. 1.
Fig. 2.
Fig. 3.

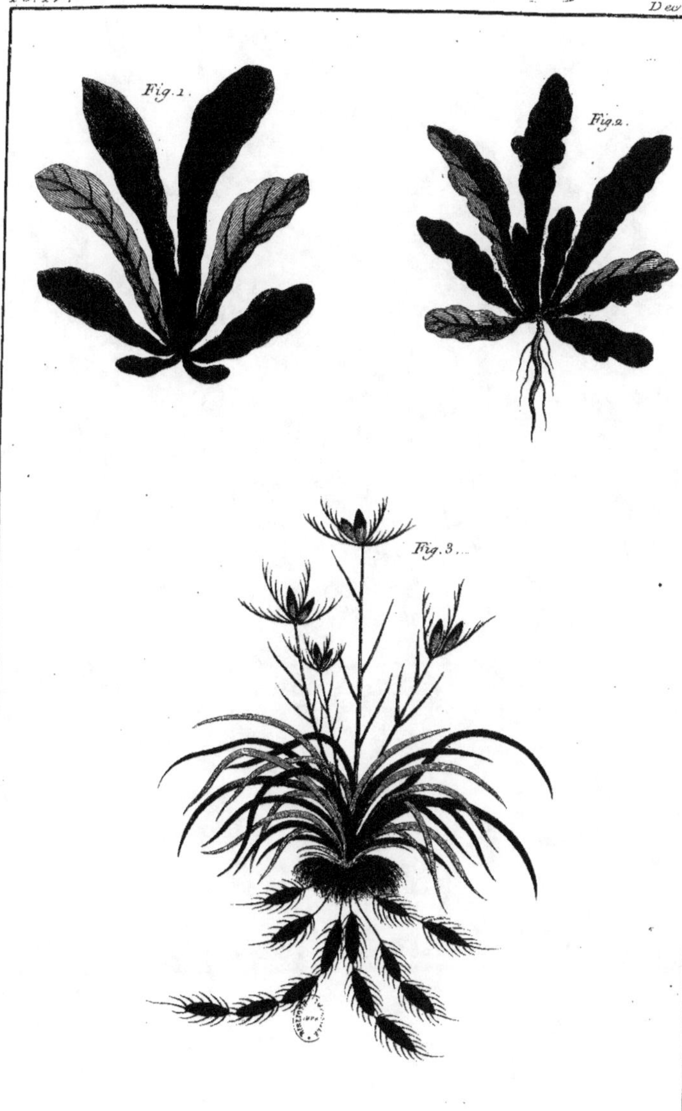

Fig. 1.
Fig. 2.
Fig. 3.

Fig. 1.
Fig. 2.
Fig. 3.

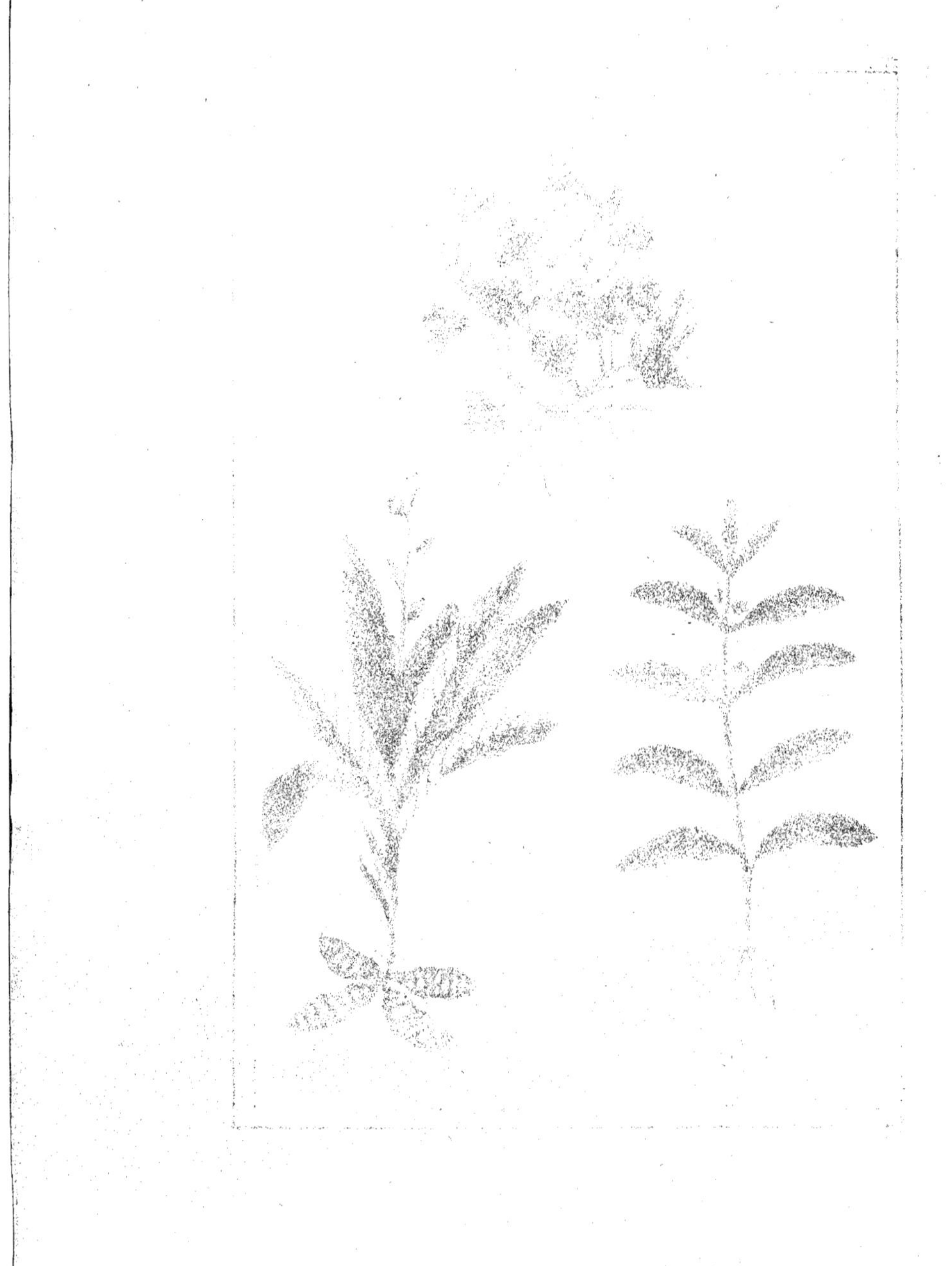

Fig. 1.
Fig. 2.
Fig. 3.

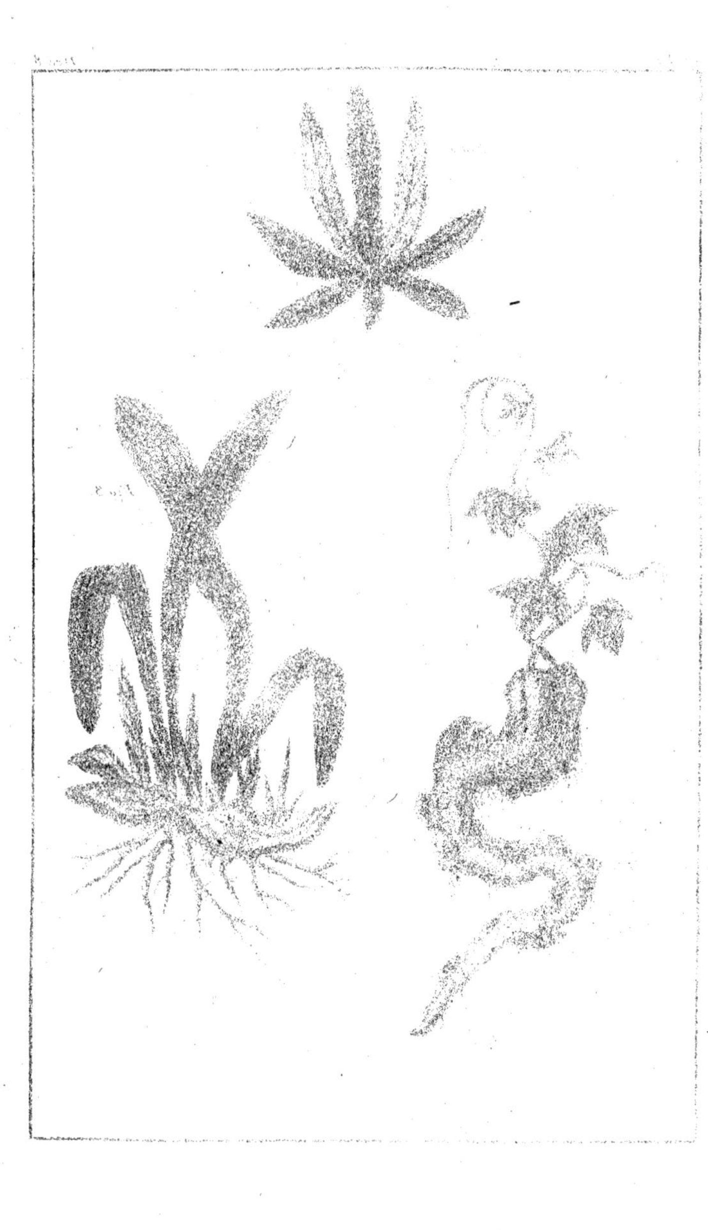

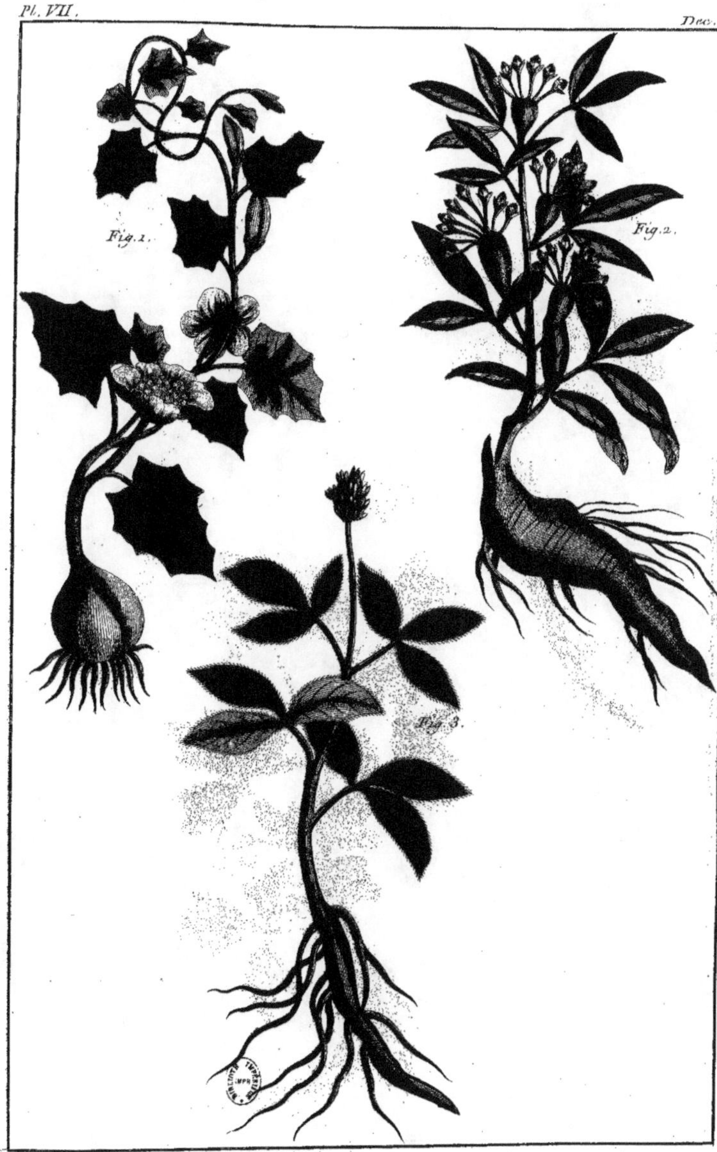
Fig. 1.
Fig. 2.
Fig. 3.

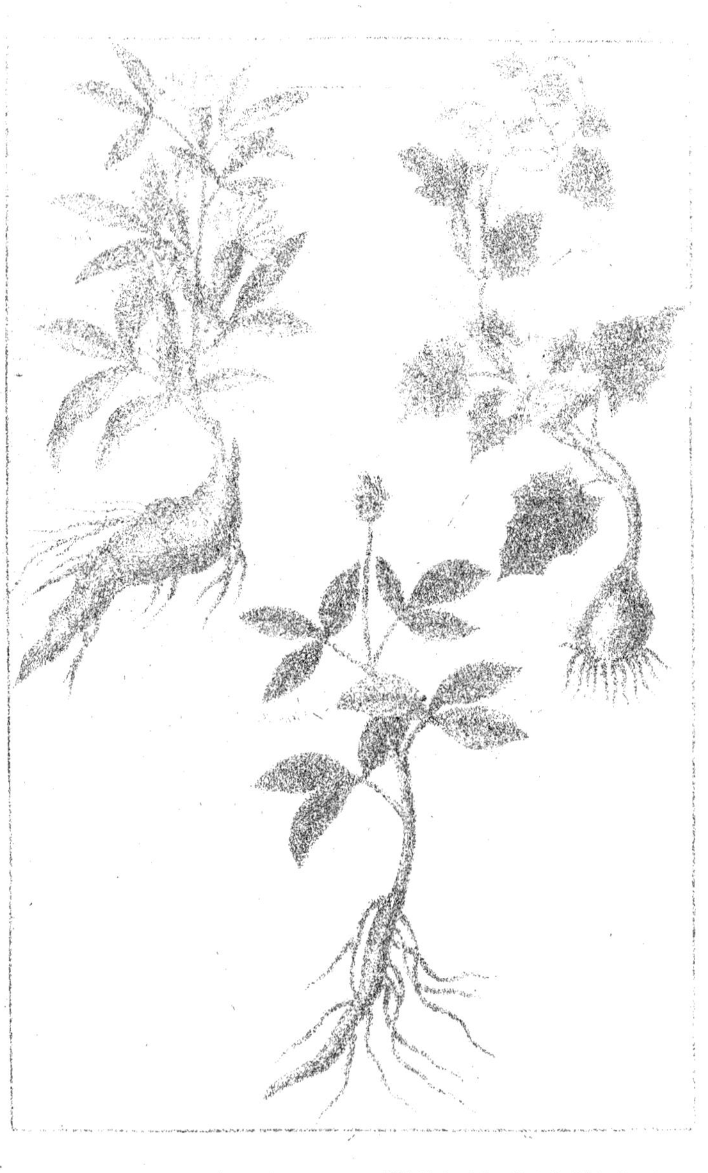

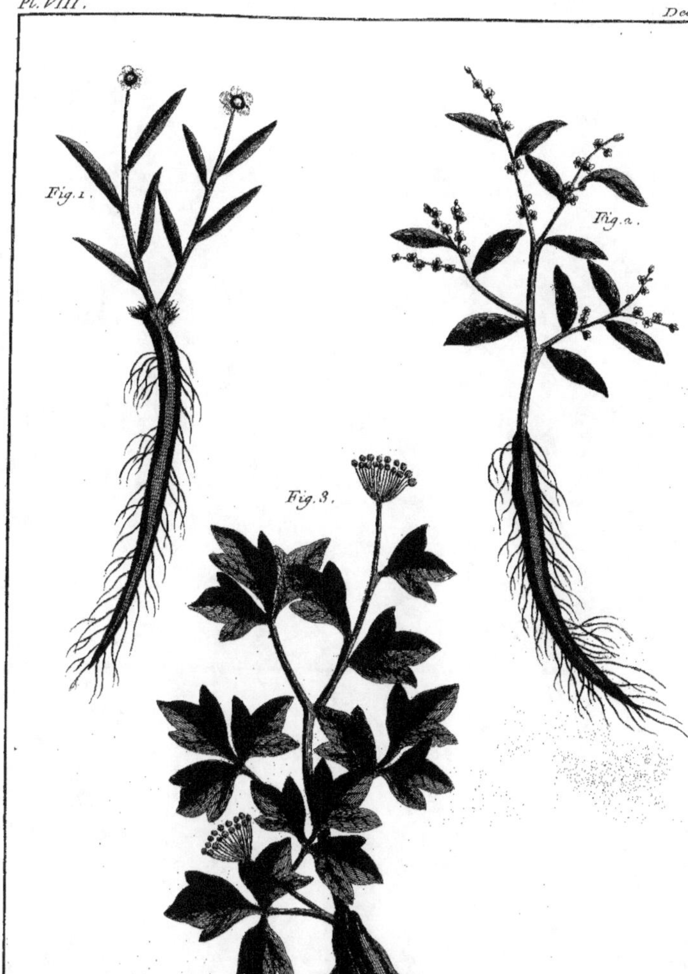
Fig.1.
Fig.2.
Fig.3.

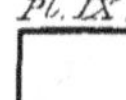

Fig. 1.

Fig. 2.

Fig. 3.

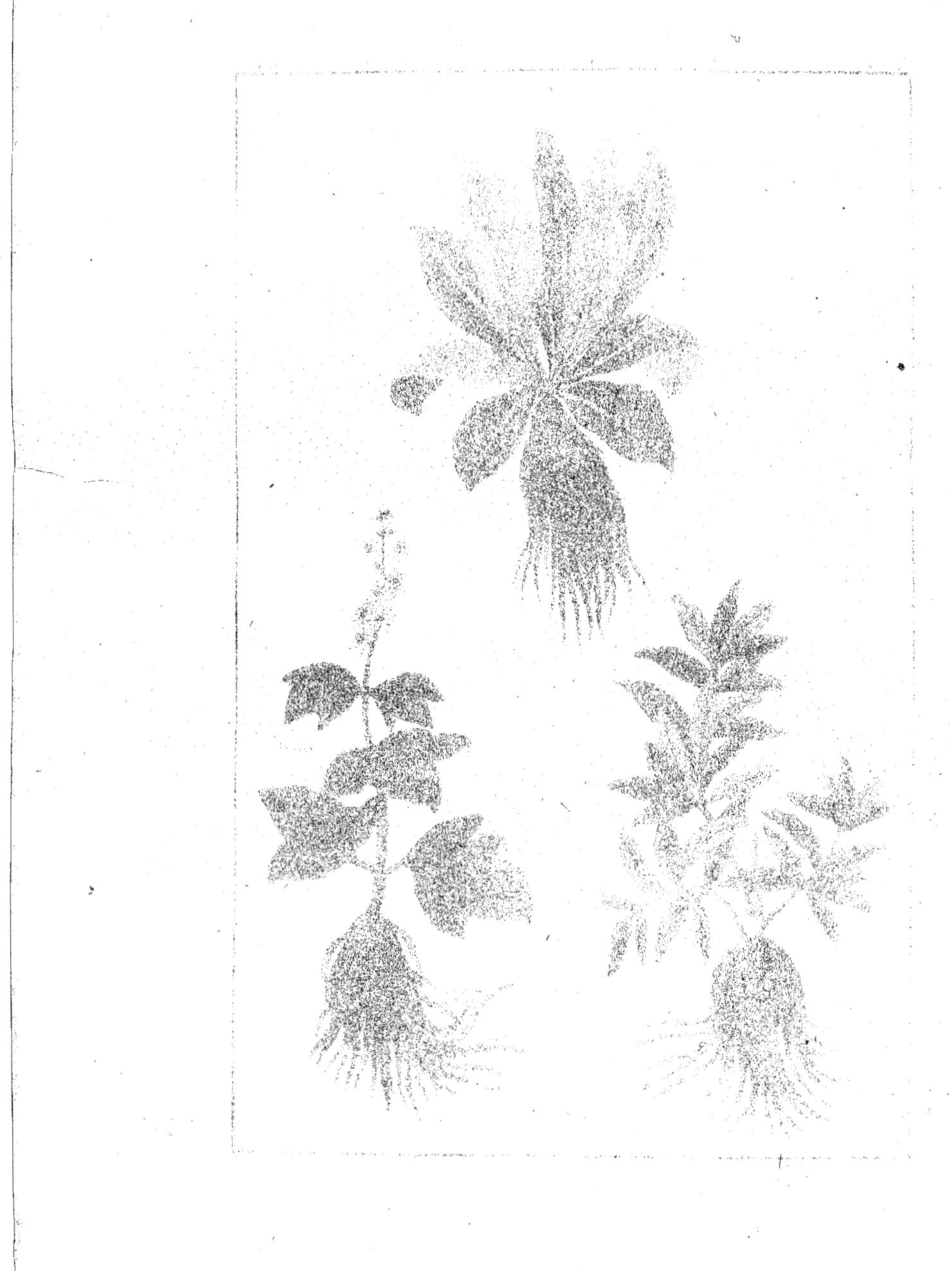

Fig. 1.
Fig. 2.
Fig. 3.

Pl. 1. Fig. 1. 蘺 慈 山 — Kŭ Tse chan   Fig. 2. 膓 鱧 — Tchang fong   Fig. 3. 膓 鱧 州 滁 — Tchang fong

Pl. 2. Fig. 1. 賴 三 — Lai San   Fig. 2. 藥 白 府 元 興 — yo pe   Fig. 3. 索 胡 延 — So hŭ yen

Pl. 3. Fig. 1. 蘝 薂 — Leng po   Fig. 2. 撥 草 州 端 — po pi   Fig. 3. 子 香 茴 州 簡 — Tse hiang hoa

Pl. 4. Fig. 1. 蕢 苦 — niai Kŭ   Fig. 2. 薹 芸 — Tai yun   Fig. 3. 子 附 香 — Tse fŭ hiang

Pl. 5. Fig. 1. 草 漿 酢 — Tsao Tsiang Tche   Fig. 2. 香 陵 零 州 蒙 — hiang Ling Ling   Fig. 3. 金 醫 州 潮 — Kin yu

Pl. 6. Fig. 1. 苣 苦 — Kiŭ Kŭ   Fig. 2. 薢 草 軍 德 薇 — hiai pio   Fig. 3. 薢 草 軍 門 荆 — hiai pio

Pl. 7. Fig. 1. 母 貝 — mŭ pei   Fig. 2. 芷 白 州 澤 — Tchi pe   Fig. 3. 藿 羊 濯 州 沂 — ho yang in

Pl. 8. Fig. 1. 草 紫 京 東 — Tsao Tse   Fig. 2. 草 紫 — Tsao Tse   Fig. 3. 胡 前 州 絳 — hŭ Tsin

Pl. 9. Fig. 1. 菀 紫 州 成 — yuen Tse   Fig. 2. 菀 紫 州 泗 — yuen Tse   Fig. 3. 菀 紫 州 解 — yuen Tse

Pl. 10. Fig. 1. 鮮 白 州 滁 — Sien po   Fig. 2. 鮮 白 府 寧 江 — Sien po   Fig. 3. 香 金 鬱 — hiang Kin yu

Cent. 2.

Fig. 1.
Fig. 2.
Fig. 3.
Fig. 4.
Fig. 5.

Pl. II.
Fig. 2.
Fig. 3.
Fig. 1.
Fig. 4.

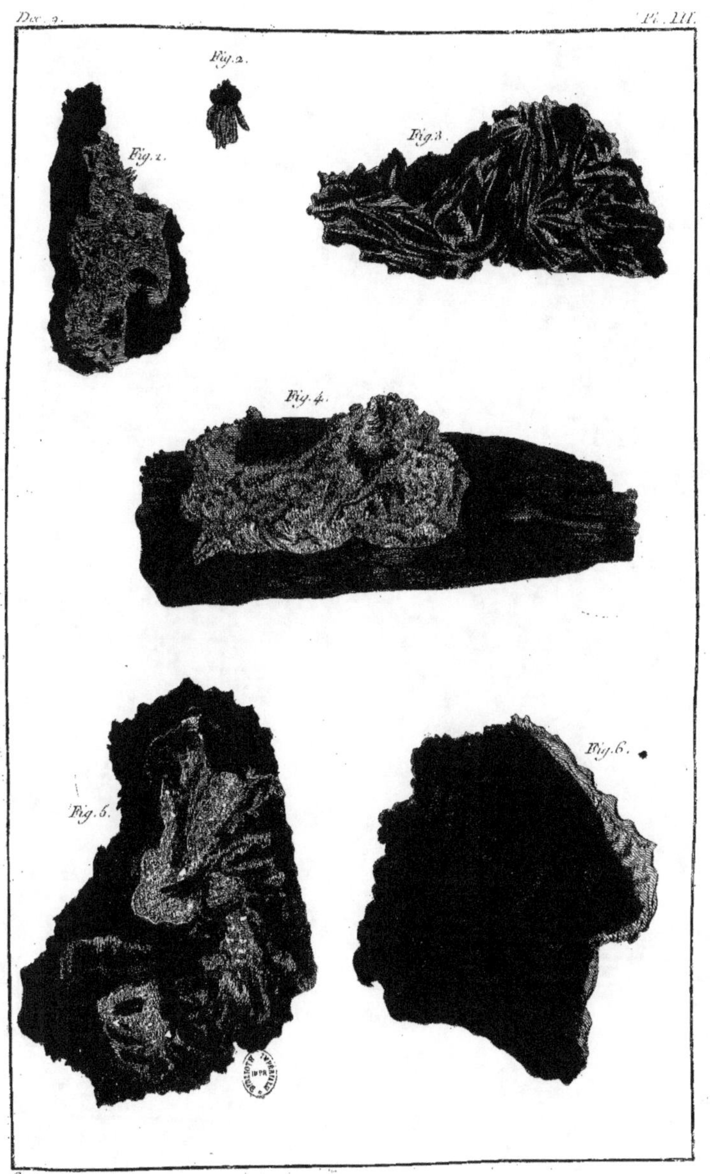
Fig. 2.
Fig. 1.
Fig. 3.
Fig. 4.
Fig. 5.
Fig. 6.

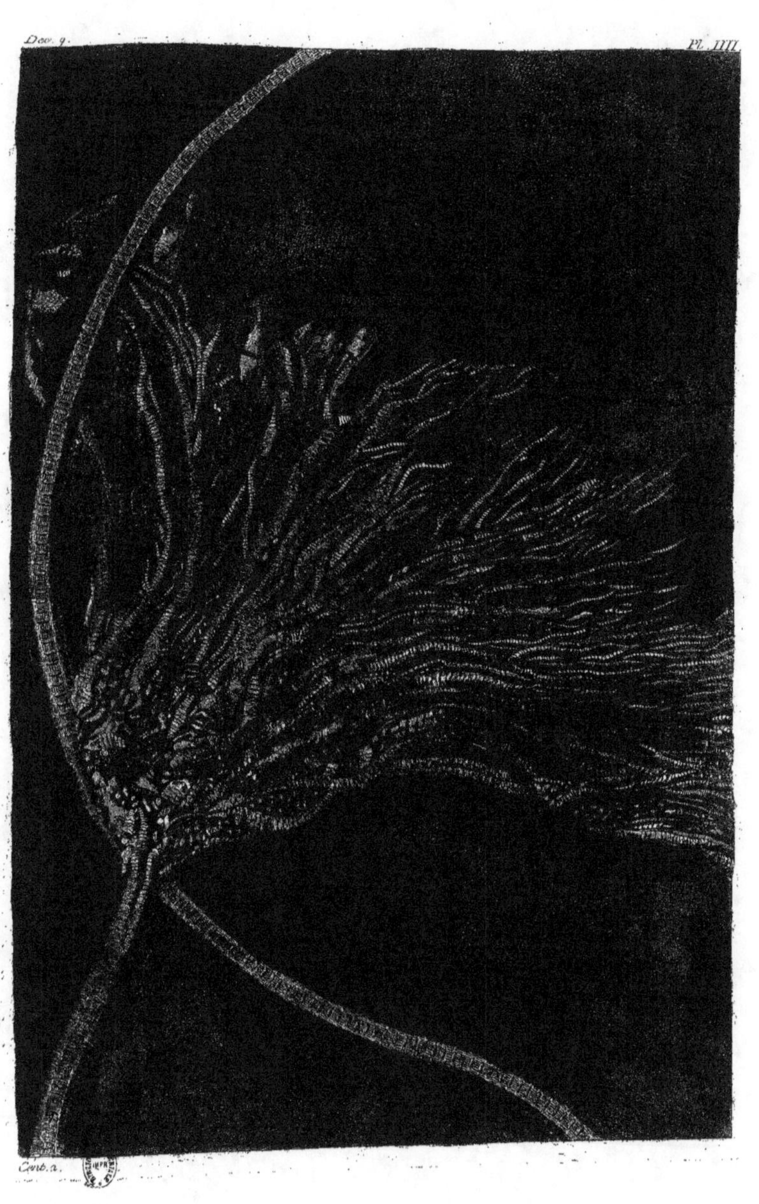
Dec. 9.
Pl. IIII.
Cent. a.

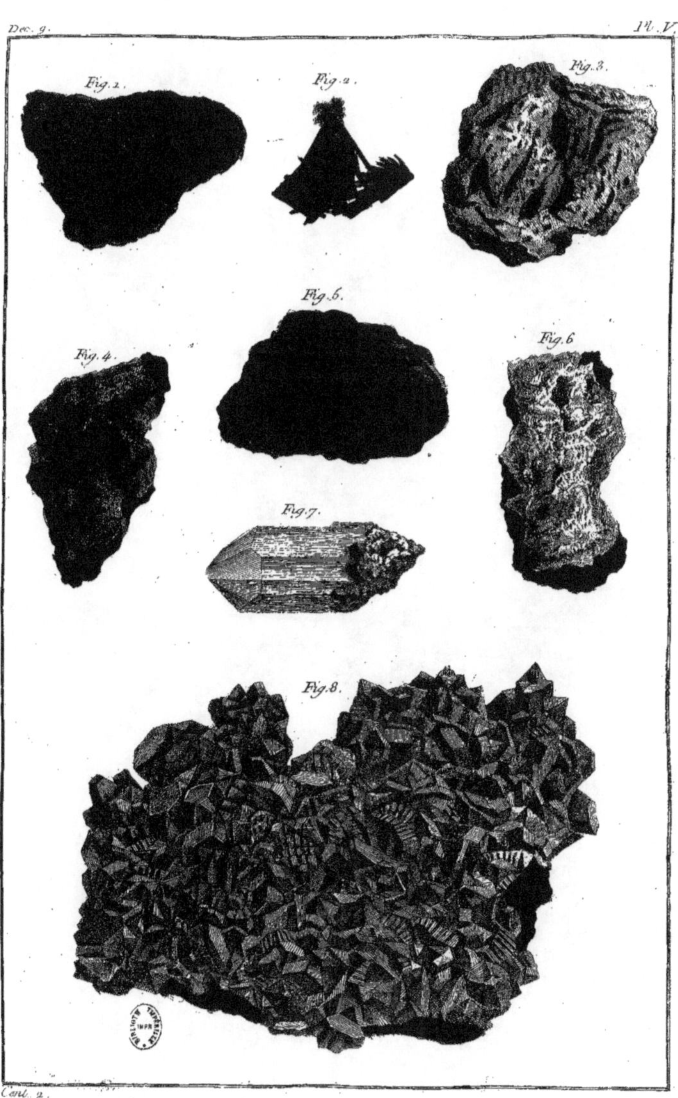

Fig. 1.
Fig. 2.
Fig. 3.
Fig. 5.
Fig. 4.
Fig. 6.
Fig. 7.
Fig. 8.

Fig. 1.
Fig. 2.

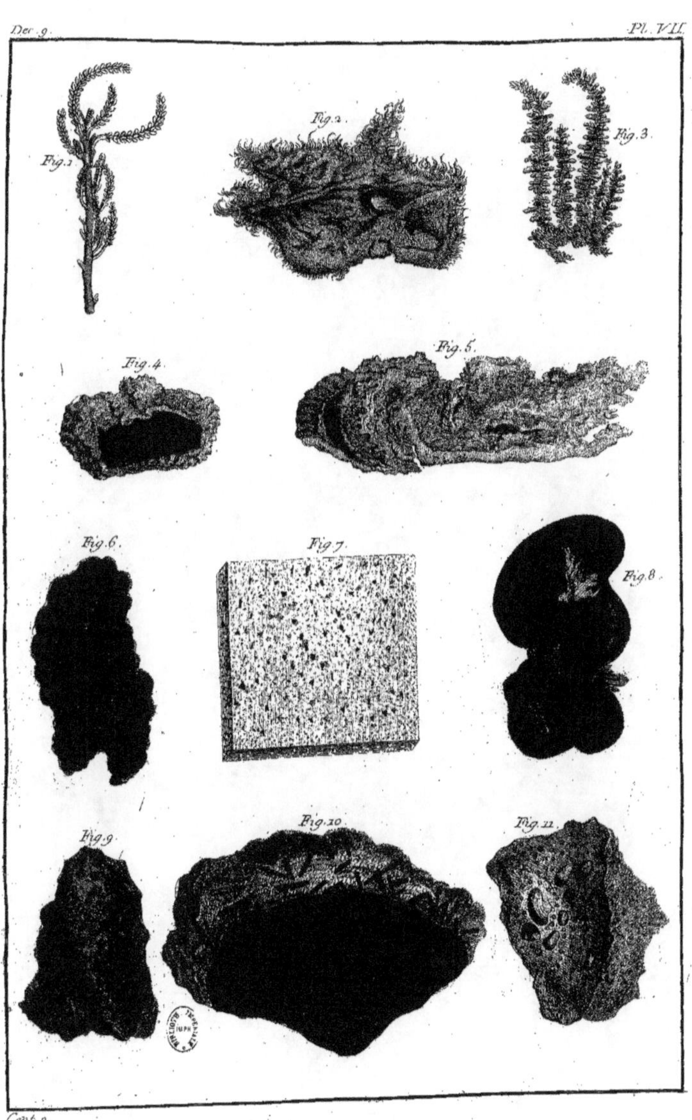

Dec.9.
Pl. VII.
Fig.1.
Fig.2.
Fig.3.
Fig.4.
Fig.5.
Fig.6.
Fig.7.
Fig.8.
Fig.9.
Fig.10.
Fig.11.
Cent.2.

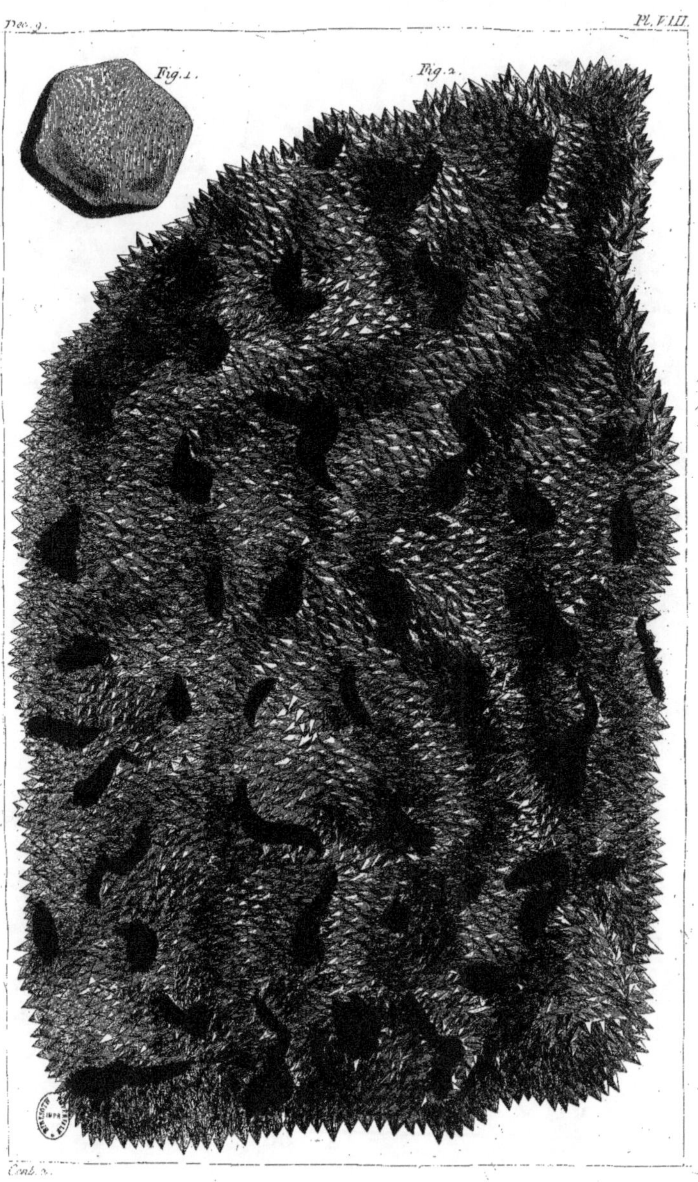

Fig. 1.
Fig. 2.

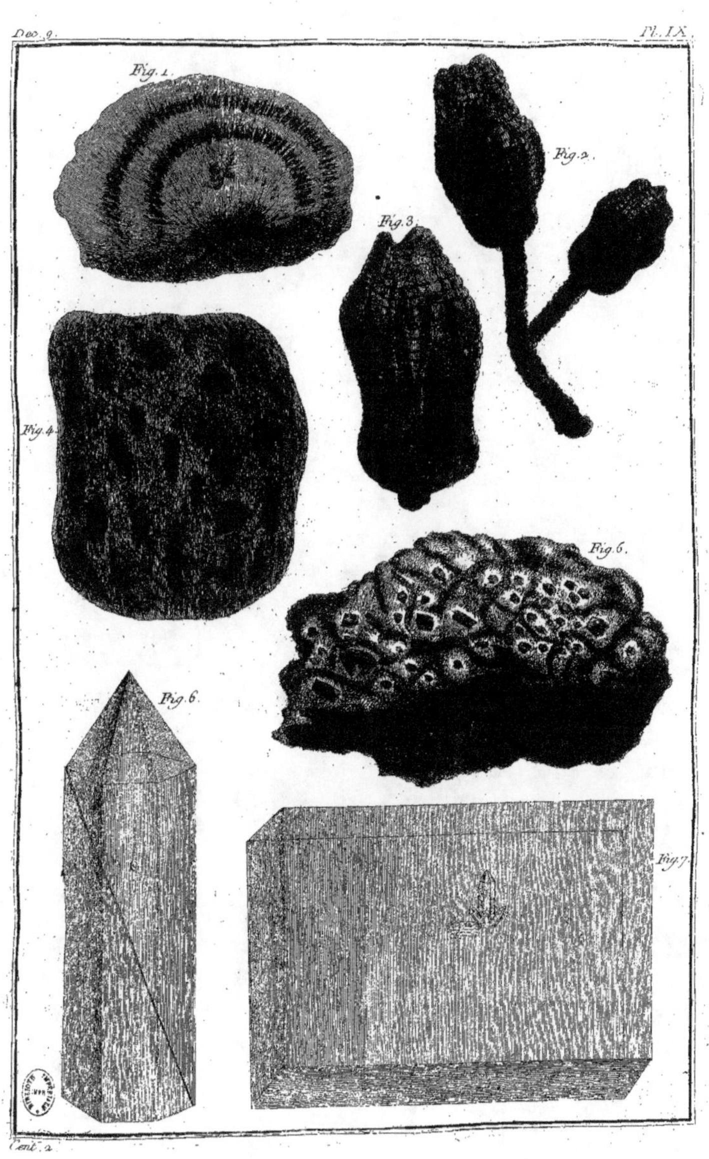

Fig. 1.
Fig. 2.
Fig. 3.
Fig. 4.
Fig. 5.
Fig. 6.
Fig. 7.

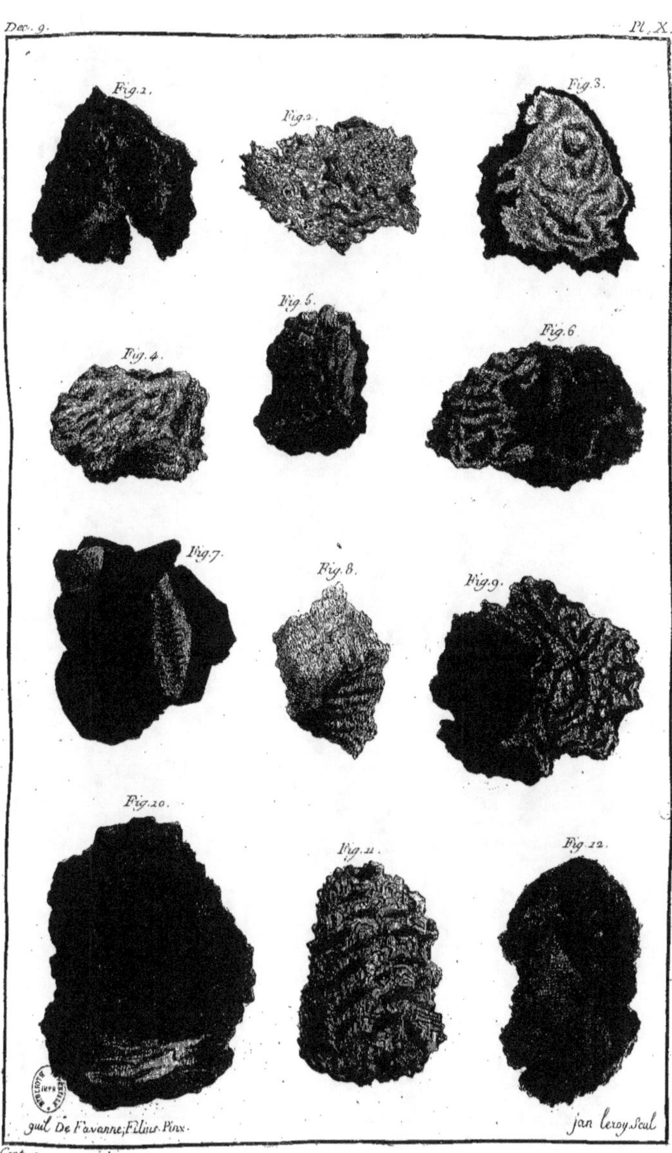

guil De Favanne, Filius Pinx.   jan leroy Sculp.

EXPLICATION DES PLANCHES
de la 9ᵉ Decade.

PLANCHE I.

Fig. 1. Cuivre natif, à bractéoles en partie d'une couleur très pure, en partie brunâtre, appuyé sur un Spath, pesant de couleur de lait avec quelque partie de Cuivre rude brunâtre, tiré de la mine de S. George près Rippoldsau vers la Forêt noire. Fig. 2. Pyrite antimoniale blanche, partie striée, partie informe, pesante dans un quartz blanchâtre tendant au rougeâtre, tiré de la mine nommée Rose argentée près Gold Cronach, dans les terres de Baruth. Fig. 3. Mine de mercure d'un brun noirâtre et brillant, surnommée mittelerz, tirée d'Idria dans le Carniole. Fig. 4. Argent rude couleur de Plomb et Argent rude blanc, l'un et l'autre fragile, où brille une Marcassite d'Or, sur un quartz caverneux blanc, tiré des Mines de Schemnitz en Hongrie. Fig. 5. Essex polysilex à Cristaux de moyenne grandeur, pour la plus grande partie roses, très peu sont blancs, sur un quartz d'un blanc sale, venant d'Rabenstocke en Saxe.

PLANCHE II.

Fig. 1. Vase antique de Bronze, tiré du Cabinet de M. le Duc de Chaulnes. Fig. 2. Coupe de ce Vase couvert en différens endroits de malachite. Fig. 3 et 4. Deux morceaux de malachite.

PLANCHE III.

Fig. 1. 2. et 6. Mine de Plomb crystallisée vert tirée de Fribourg en Brisgau. Fig. 3. Mine de Fer blanche mêlée d'un quartz caverneux des environs de Berg. Fig. 4. Asbeste divisé en petites lames membraneuses de couleur brunâtre, tiré de Stoerzing en Tirol. Fig. 5. Bleu de Montagne en forme de croute incrustée dans une Mine d'Argent cendrée, tiré de Schwaz en Tirol.

PLANCHE IV.

Emeraude tirée des Ardoisières qui sont près du Village d'Omroken dans le Bailliage de Kirchheim au Duché de Wurtemberg, déposée à Manheim dans le Cabinet de son Alt. Elect. Palatine, on en a représenté ici que la partie principale, voyé les Memoires de l'Académie Electorale Palatine, Tom. 3.

PLANCHE V.

Fig. 1. Roche de Corne crystallisée d'un gris vert et imbibée de noir d'Etain. Fig. 2. Petite mine d'Antimoine à grosses stries ou à gros rayons. Fig. 3. Spath d'Etain. Fig. 4. Magnesie solide couvert d'un Ocre épais au dedans couleur d'acier ou bleuâtre, provenant d'une Minière de Suede. Fig. 5. Mine de Plomb terreuse un peu mêlée de Fer. Fig. 6. Mine de Cuivre rougeâtre avec du verd de Montagne velouté dans du Spath brun feuilleté. Fig. 7. Crystal de Plomb pesant et de couleur obscure, transparent neanmoins, formé en Colonne hexagone qui se termine en pointe; ayant à sa racine quelques boutons de Plomb polygones, qui ont la couleur naturelle du Plomb, et des fentes brillantes. Fig. 8. Mine d'Etain crystallisée de grandeur considerable venant d'Angleterre.

PLANCHE VI.

Fig. 1. Groupe d'Entroques et d'Astroites trouvé aux environs de Beziers. Fig. 2. Fossile tiré du Cabinet de M. L'Abbé Bertholon, de S. Lazare, désigné par ce naturaliste sous le nom d'Huitre Vasculiforme.

PLANCHE VII.

Fig. 1. Arbrisseau d'Argent vierge. Fig. 2. Mine vitreuse condensée garnie de noir d'Argent et d'argent capillaire crû dessus, très riche. Fig. 3. Argent Arbusculaire du Duché de Wurtemberg. Fig. 4. Mine d'Or à feuilles vierge sur un quartz d'amethyste et d'Emeraude, tirée de Cremnitz en Hongrie. Fig. 5. Mine de couleur cuivrée, couverte de beaucoup d'argent vierge jaunâtre superficiel de Norwege. Fig. 6. Pyrite de Cuivre. Fig. 7. Morceau de Crystal de roche des Alpes, d'environ deux pouces d'épaisseur en tout sens, d'une Eau bien nette, qui renferme un nombre infini de petites Marcassites poliedres d'un beau poli, dont les plus petites ne peuvent se découvrir qu'à la loupe; ce morceau est tiré du Cabinet de M. de Luc de Genève. Fig. 8. Mine d'Argent composée de quartz et de spath imbibée interieurement de Cuivre dissout par le Vitriol, sur la quelle est posé un verd de Montagne rayonnant, qui ressemble à du Satin et au bas de la quelle se trouvent quelques petits Crystaux. Fig. 9. Mine aux Feves imprégnée de gros Pois, qui tiennent du Fer, minéralisée dans une espece de pierre peu dure, comme dans une Matrice et imbibée d'Ochre. Fig. 10. Masse de gros rayons ou Aiguillons épais, couleur de Plomb, brillans comme de l'Argent, couvert d'une terre ochreuse. Fig. 11. Espece de Mine ou Glebe de Bismuth suivant M. Sprunglin de Berne, du Cabinet du quel cette piece a été tirée.

PLANCHE VIII.

Fig. 1. Morceau de Crystal de roche des Pyrenées, d'une belle Eau, formant un grand nombre de bulles d'Eau, morceau rare de grandeur naturelle faisant autrefois partie du Cabinet de feu M. Brochant. Fig. 2. Très beau groupe de Crystaux de spath à pointes triangulaires d'un blanc bleuâtre, parsemé d'une grande quantité de Pyrites d'un jaune doré et verdâtre, formant souvent des masses vermiculaires, ce morceau a 15 pouces de longueur.

PLANCHE IX.

Fig. 1. Morceau de Crystal de roche d'une belle Eau dans le centre du quel on voit une espece d'insecte ou Moule entouré de couleurs d'arc-en-ciel, la base de ce morceau presente une espece de gange raboteuse en forme de terrasse brunâtre et rousseâtre, morceau rare de grandeur naturelle ainsi que les suivans. Fig. 2. Lilium lapideum morceau rare en ce qu'il est à deux branches. Fig. 3. Autre Lilium lapideum d'un gris foncé, tiré l'un et l'autre du Cabinet de feu M. Doodie de Hollande, nous en avons vu de pareil chez feu M. le President Ogier. Fig. 4. Morceau de Crystal de roche rare de Friberg, d'une couleur noirâtre et bleuâtre sombre renfermant une grande quantité d'Aiguilles de fer très fines, de couleur rouillée entremelée de Pyrites auriferes, et à nuage rousseâtre, faisant autrefois partie du Cabinet de feu M. Faguinor. Fig. 5. Morceau ou Gange ferugineuse et en partie spathique, rousseâtre et blanchâtre entremelée de couleur brunâtre, servant comme de Matrice au grand nombre de petits prismes d'Emeraude, morceau rare et precieux du Cabinet de M. N. Fig. 6. Prisme de Crystal de roche renfermant une grosse bulle d'Eau et une longue Aiguille de fer qui le traverse triangulairement, du Cabinet de M. Varenne de Beost. Fig. 7. Morceau de Crystal de roche d'une très belle Eau offrant dans son centre un groupe de 5 petits prismes de Crystal de roche, ce qui rend ce morceau aussi singulier que precieux, tiré du Cabinet de feu M. Doodie de Hollande.

PLANCHE X.

Fig. 1. Pyrite de Cuivre surnommée la queue de Paon. Fig. 2. Cuivre vierge avec des Paillettes d'Or et du verd de montagne tiré des Mines de Hongrie. Fig. 3. Mine d'Or de Hongrie, dans la quelle on observe quelques languettes d'Or avec de l'argent superficiel et de la mine d'Argent vitreuse sur du Spath gris, ce morceau vient des minières de Schemnitz. Fig. 4. Mine de Plomb terreuse un peu mêlée de Fer. Fig. 5. Malachite. Fig. 6. Glebe brunâtre d'une Mine de Cuivre hepatique mêlée de Spath blanc sur le quel est posé une Marcassitte. Fig. 7. Crystaux d'Etain tirés de Saxe d'un rouge foncé. Fig. 8. Mine de Fer arsenicale. Fig. 9. Mine d'Antimoine rouge. Fig. 10. Galene de Plomb à grands tubes de Saxe ou de Boheme. Fig. 11. Mine de Cobolt. Fig. 12. Galene à petits Tubes, ou grainelé sur du Spath mêlé de quartz.

Fig. 1.

Fig. 2.

Fig. 1.
Fig. 2.

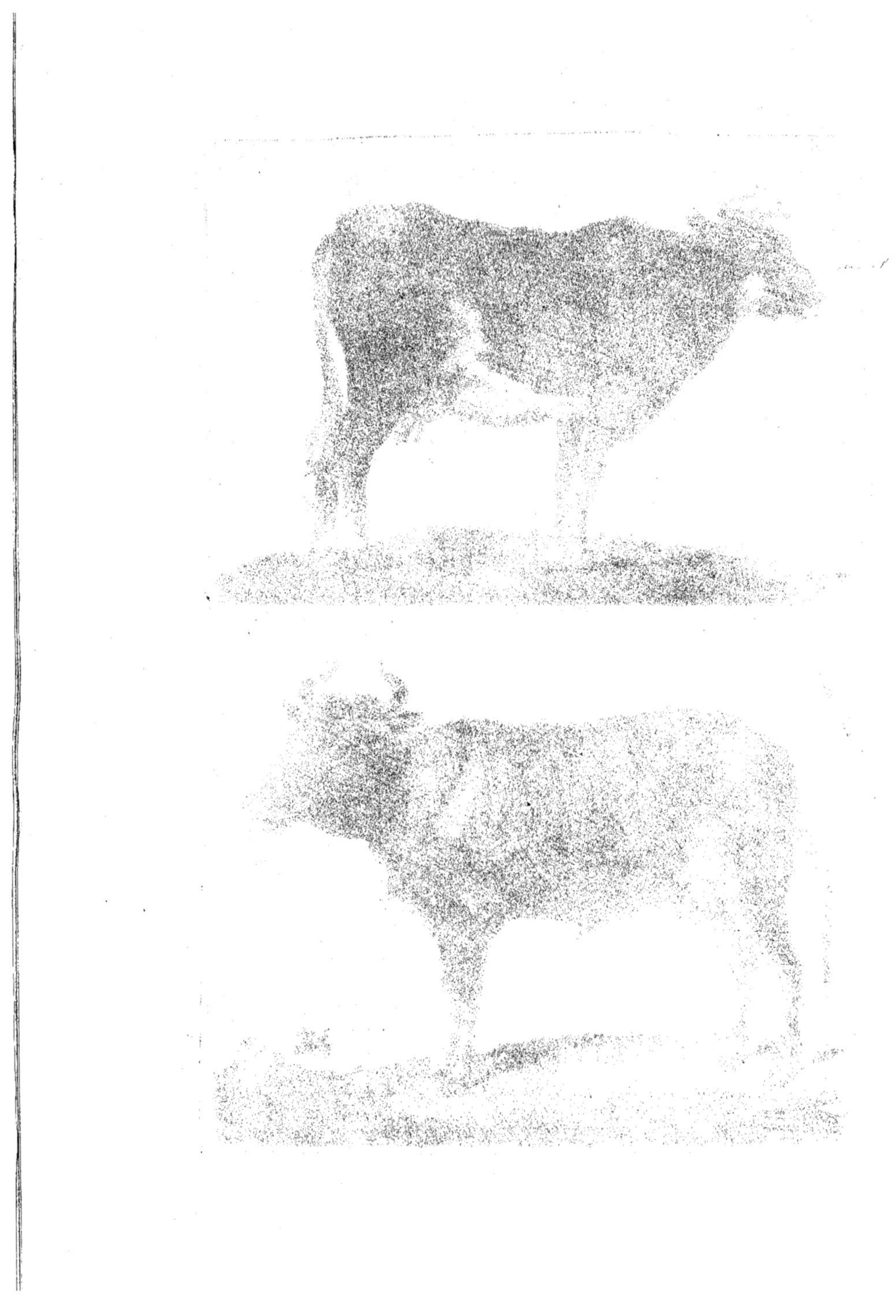

Fig. 1.
Fig. 2.

Fig.1.
Fig.2.

Fig. 1.
Fig. 2.
Fig. 3.

Fig. 1.
Fig. 2.

Fig. 1.

Fig. 2.

Fig. 1.

Fig. 2.

Ceib. a.

Fig. 1.

Fig. 2.

Fig. 1.
Fig. 2.

EXPLICATION DES PLANCHES
de la 10.ᵉ Decade.

PLANCHE I.
Fig. 1. Mulet. Fig. 2. Cheval navarois.

PLANCHE II.
Fig. 1. Vache de Cotentin. Fig. 2. Taureau de Cotentin.

PLANCHE III.
Fig. 1. Chevre. Fig. 2. Bouc de Gambie.

PLANCHE IV.
Fig. 1. Mouton Bocage. Fig. 2. Mouton allemand.

PLANCHE V.
Fig. 1. Chat des Chartreux. Fig. 2. Braque de Bengale. Fig. 3. Cochon.

PLANCHE VI.
Fig. 1. Poule d'Inde. Fig. 2. Coq d'Inde.

PLANCHE VII.
Fig. 1. Epagneul. Fig. 2. Chien de Berger.

PLANCHE VIII.
Fig. 1. Chat d'Espagne. Fig. 2. Chat angola.

PLANCHE IX.
Fig. 1. Mouton d'Alençon. Fig. 2. Mouton de Berry.

PLANCHE X.
Fig. 1. Petit Danois. Fig. 2. Grand Barbet ou Caniche.

Nota 1.º Cette Collection que nous avons qualifié en differens endroits de nos Ouvrages, de Glanures d'Histoire naturelle, finit au 20.ᵐᵉ Cahier, nous en avions d'abord annoncés 30. mais comme la plupart de ceux qui ont fait l'acquisition de cet Ouvrage, ont desirés d'avoir chaque regne separé et paroissent se contenter du simple coloris, pour entrer dans leurs vües nous nous sommes determinés a faire paroitre separement chaque regne sous trois Titres differens 1.º Dons merveilleux et diversement coloriés de la nature dans le règne Animal. 2.º Dons merveilleux et diversement coloriés de la nature dans le règne Végétal, il en pa- roit deja 6 Cahiers. 3.º Dons merveilleux et diversement coloriés de la nature dans le re- gne Minéral. Ces trois Collections serviront de suitte à nos Planches eulumineés et non en- lumineés d'Histoire naturelle, chaque Cahier ne coutera que 24.ᵗ aulieu que les Cahiers de cette derniere Collection coutoient 30.ᵗ les Planches qui seront de même grandeur, seront impri- meés sur Papier d'hollande, qui, quoi que moins grand, que celui de la susditte Collection, pour- ra neanmoins s'y adapter en diminuant la marge de celle-ci.

Nota 2.º On ne doit pas etré etonné si nous finissons cet Ouvrage au 20.ᵉ Cahier, comme il est autant susceptible de diminution, que d'augmentation et que ce n'est précisement, qu'un recueil, on peut l'arreter, lors qu'on juge a propos, surtout quand le public paroit le desirer.

FIN